高等职业教育航空装备类专业新

无人机动力系统

主　编　唐　毅　王　征
副主编　王　广　谢志明
　　　　刘肩山　张　鑫

北京理工大学出版社
BEIJING INSTITUTE OF TECHNOLOGY PRESS

内 容 提 要

本书根据无人机应用技术专业的培养目标编写，内容分为两个部分，第一部分为活塞发动机与涡轮发动机的相关知识，主要介绍了活塞发动机动力系统的结构组成与工作原理，涡喷、涡扇、涡桨、涡轴发动机的工作原理及结构特点；第二部分为电动无人机动力系统的相关知识，主要介绍了电动无人机动力系统的组成、各个部件的性能及结构特点，为突出实践性和实用性，编写了相关实训项目及实训工卡。

本书主要作为无人机应用技术专业无人机动力系统类课程的教材，也可供企事业单位无人机工程技术人员培训与学习使用。

版权专有　侵权必究

图书在版编目（CIP）数据

无人机动力系统 / 唐毅，王征主编. -- 北京：北京理工大学出版社，2023.3（2024.8重印）
　ISBN 978-7-5763-1981-1

Ⅰ.①无… Ⅱ.①唐…②王… Ⅲ.①无人驾驶飞机－动力系统　Ⅳ.①V279

中国国家版本馆CIP数据核字（2023）第003549号

责任编辑：阎少华		文案编辑：阎少华	
责任校对：周瑞红		责任印制：王美丽	

出版发行 /	北京理工大学出版社有限责任公司
社　　址 /	北京市丰台区四合庄路6号
邮　　编 /	100070
电　　话 /	（010）68914026（教材售后服务热线）
	（010）68944437（课件资源服务热线）
网　　址 /	http：//www.bitpress.com.cn
版 印 次 /	2024年8月第1版第3次印刷
印　　刷 /	河北鑫彩博图印刷有限公司
开　　本 /	787 mm×1092 mm　1/16
印　　张 /	12
字　　数 /	286千字
定　　价 /	39.80元

图书出现印装质量问题，请拨打售后服务热线，负责调换

前　言

无人机发展的时间并不长，但爆发的速度非常惊人，无人机动力系统作为飞行器的"心脏"，直接影响无人机的性能、成本和可靠性，也是制约未来高新技术无人机发展的瓶颈。本书立足于无人机动力系统的特点和现状，着重从动力系统的工作原理入手，选取无人机应用最为广泛的电动动力系统、活塞动力系统、涡喷动力系统三种类型的动力系统，阐述各部件的结构组成和工作原理，并匹配相关实训及工单，便于读者理解与掌握相关知识。

本书编写结合无人机实际应用需求，紧跟《国家职业教育改革实施方案》和《职业教育提质培优行动计划（2020—2023年）》等文件总体要求，聚焦"三教"改革，突出"岗课赛证融通"，对接无人机装调、无人机监测、无人机维护保养等岗位需求，融入"1+X"无人机职业技能等级标准、无人机装调检修工国家职业技能标准和无人机职业技能大赛赛项内容，以无人机动力系统的结构组成及具体应用为基点，着眼于培养适应无人机行业、企业需求的复合型、创新型、发展型的高素质技术技能人才，提升学生职业能力和职业素养。全书结合无人机组装、调试、维修岗位相关要求，介绍了活塞发动机、涡喷发动机及电动动力系统的相关工作原理，为学生从事相关工作岗位打下扎实的知识基础。书中关于活塞发动机的调试、涡喷发动机的调试、无刷电机绕组绕制、电调参数设置、电池放电测试等实训项目都是无人机组装、调试、维修岗位的日常工作内容，通过这些实训项目，使学生了解和熟悉相关岗位的日常工作内容，锻炼岗位实践技能，为毕业后从事相关工作打下扎实的技能基础。

全书共8个项目，项目1为活塞发动机的相关知识，主要介绍了活塞发动机动力系统的结构组成与工作原理，配套实训项目为活塞发动机的安装与调试，对应的是无人机技能大赛中有关无人机发动机检测维修的相关技能；项目2为涡轮发动机的相关知识，主要介绍了涡喷、涡扇、涡桨、涡轴发动机的工作原理及结构特点，配套实训项目为涡喷发动机的调试，对应的是无人机应用中关于小型涡喷发动机的组装及调试技能；项目3为电动无人机动力系统组成，主要内容为电动无人机动力系统各个部件的结构及功用，配套实训项目为电动无人机动力系统部件的识别与了解，对应的是无人机维修基本技能；项目4为无人机电机和电调的分类与结构，主要内容为无刷与有刷电机的结构，配套实训项目为2212无刷电机定子绕制，对应的是无人机动力电机的维修技能；项目5为无刷直流电机与电调的参数，主要内容为无刷电机的参数设置与调试，配套实训项目为利用BLHeliSuite软件进行电调参数设置，对应的是无人机电调的组装与调试技能；项目6为螺旋桨的参数，主要内容为螺旋桨的结构组成及参数，配套实训项目为螺旋桨的认识与了解，主要对应的是无人机组装调试基本技能；项目7为锂离子电池的相关知识，主要内容为锂离子电池的基本参数、正确使用方式等，配套实训项目为电池的放电测试，主要对应的是无人机组装调试与应用的基本技能；项目8为无人机动力系统的匹配，通过一个完整的实训项目，将前期所学知识进行融会贯通，对应无人机组装调试及应用技能。

对应的岗位、证书技能及大赛具体如下：

对应岗位	无人机组装岗位、调试岗位、维修岗位、检修岗位
对应证书技能	《无人机装调检修国家职业技能标准》初级工证书：无人机动力系统日常维护 《无人机装调检修国家职业技能标准》中级工证书：子系统装配、动力系统调试、子系统测试、检查性维保 《无人机装调检修国家职业技能标准》高级工证书：飞行平台构型选择、布局结构选型、材料选型、动力系统选型 《"1+X"无人机检测与维护职业技能等级标准》高级证书：无人机系统机械故障隔离与排除、电子电气故障隔离与排除 《"1+X"无人机组装与调试职业技能等级标准》中级证书：无人机组装、无人机调试、地面测试 《"1+X"无人机组装与调试职业技能等级标准》高级证书：无人机组装、无人机调试、地面测试
对应大赛	"智能战鹰"陆军无人机定向培养军事技能大赛——发动机检测维修 全国人工智能应用技术技能大赛——无人机装调检修工赛项 "步云航空杯"全国职业院校无人机应用创新技能大赛——无人机组装与调试 一带一路暨金砖大赛之无人机应用技能大赛——无人机应用技术

本书涵盖了无人机动力系统的工作原理及其结构与组成，学习本书后，能够达到如下目的：熟悉无人机动力系统的工作原理及使用方法；掌握无人机动力系统的调试、组装及排故方法；了解无人机动力系统的具体应用，能够根据实际应用选择合适的动力系统。

本书共分为8个项目，其中项目1、项目4、项目7和项目8由长沙航空职业技术学院唐毅编写，项目2、项目3和项目5由石家庄工程职业学院王征编写，项目6由桂林航天工业学院王广编写，长沙航空职业技术学院谢志明、刘肩山负责全书图片资源的整理与制作，张家界启航智能科技有限公司张鑫对配套实训项目进行收集及整理。

由于编者水平有限，时间比较仓促，书中难免存在不足和疏漏之处，敬请各位读者给予批评指正，以便今后修订完善。

编 者

无人机动力系统概述（上）　　无人机动力系统概述（下）

目录 Contents

第一部分　航空动力装置概述

01　项目1　航空活塞发动机概述……………2
- 1.1　航空活塞发动机的分类和组成………………………3
- 1.2　航空活塞发动机的基本工作原理……………………9
- 1.3　航空活塞发动机的理想循环…………………………13
- 1.4　二冲程往复式航空活塞发动机的工作原理…………20

02　项目2　航空燃气涡轮发动机……………29
- 2.1　涡喷发动机……………………………………………30
- 2.2　涡桨发动机……………………………………………41
- 2.3　涡轴发动机……………………………………………45
- 2.4　涡扇发动机……………………………………………47

第二部分　电动无人机动力系统

03　项目3　电动无人机动力系统组成…………64
- 3.1　了解电动无人机动力系统的组成……………………65
- 3.2　认识动力电机…………………………………………67
- 3.3　调速系统………………………………………………71
- 3.4　动力电源………………………………………………73
- 3.5　螺旋桨…………………………………………………74

04　项目4　无人机电机和电调的分类与结构………89
- 4.1　有刷直流电机与电调的结构…………………………90
- 4.2　无刷直流电机与电调的结构…………………………92
- 4.3　空心杯电机……………………………………………94

05 项目 5　无刷直流电机与电调的参数 ………… 104

5.1　无刷直流电机的参数及对比 ……………………… 105
5.2　无人机电调的参数 …………………………………… 108
5.3　无人机电调参数设置 ………………………………… 111

06 项目 6　螺旋桨的参数 ………………………… 127

6.1　桨径和桨距 …………………………………………… 128
6.2　正、反桨 ……………………………………………… 129
6.3　螺旋桨的材质 ………………………………………… 130
6.4　其他参数 ……………………………………………… 132

07 项目 7　锂离子电池的相关知识 ……………… 139

7.1　电池的分类 …………………………………………… 140
7.2　各种电池简介 ………………………………………… 143
7.3　锂电池 ………………………………………………… 146
7.4　动力电池的充电 ……………………………………… 158
7.5　各种电池性能比较 …………………………………… 161
7.6　正确使用与保养动力电池 …………………………… 161

08 项目 8　无人机动力系统的匹配 ……………… 169

8.1　相关设备的检查与组装 ……………………………… 170
8.2　电机的选择 …………………………………………… 170
8.3　电调的选择 …………………………………………… 172
8.4　桨叶的选择 …………………………………………… 173
8.5　电池的选择 …………………………………………… 176
8.6　飞机的设置 …………………………………………… 177
8.7　试飞 …………………………………………………… 184

参考文献 ……………………………………………………… 186

第一部分
航空动力装置概述

项目 1　航空活塞发动机概述

【知识目标】

（1）掌握航空活塞发动机的分类和组成；
（2）掌握航空活塞发动机的基本工作原理；
（3）掌握航空活塞发动机的理想工作过程；
（4）掌握航空活塞发动机的构造。

【能力目标】

（1）能分辨航空活塞发动机的各个组成部分；
（2）能讲述航空活塞发动机的四个工作行程。

【素质目标】

（1）具有艰苦朴素的工作作风和迎难而上的工作信念；
（2）具备一定的创新意识；
（3）养成严谨细致的工作作风。

【学习导航】

本项目主要学习航空活塞发动机动力系统的组成。

【问题导入】

航空活塞发动机出现较早，发展周期长，理论研究和实践应用方面都比较成熟和完善。直到现在，虽然出现了大功率的适用高速飞行的喷气式发动机，活塞发动机仍占有重要的地位。在飞行速度不太快的飞机上，航空活塞发动机能发扬其耗油率低、使用维护成本低的优点。因此，航空活塞发动机在轻型低速飞机上仍广泛使用。

从 1903 年世界上第一架飞机升空到第二次世界大战末期，所有飞机都用航空活塞发动机作为动力装置。20 世纪 40 年代中期，在军用和大型民用飞机上，燃气涡轮发动机虽然逐步取代了航空活塞发动机，但与燃气涡轮发动机相比，小功率航空活塞发动机比较经济，在轻型低速飞机上仍得到较普遍应用。那么：

1. 航空活塞发动机的基本结构和分类有哪些？
2. 航空活塞发动机由哪些机件组成？
3. 航空活塞发动机分为哪些工作系统？

1.1 航空活塞发动机的分类和组成

1.1.1 航空活塞发动机的分类

从基本工作原理方面的差别来看，航空活塞发动机主要有四冲程发动机和二冲程发动机两种。后一种只在过去的少数飞机上使用，目前使用的航空活塞发动机都是四冲程发动机。由于长期发展的结果，航空活塞发动机种类繁多，形式千差万别。但因航空业不断进步，有的类型已经逐渐被淘汰了，所以，对航空活塞发动机的分类仅限于目前仍广泛采用的类型。

1. 按混合气形成的方式划分

根据混合气形成的方式不同，航空活塞发动机可分为汽化器式发动机和直接喷射式发动机。

（1）汽化器式发动机（图1-1）中装有汽化器，汽油与空气在汽化器内混合好后，再进入发动机气缸中燃烧。汽化器也称化油器，它的作用是在汽油进入发动机气缸前，将其与空气按一定的比例混合，让汽油以雾状形式进入燃烧室，以供发动机正常点火运行。

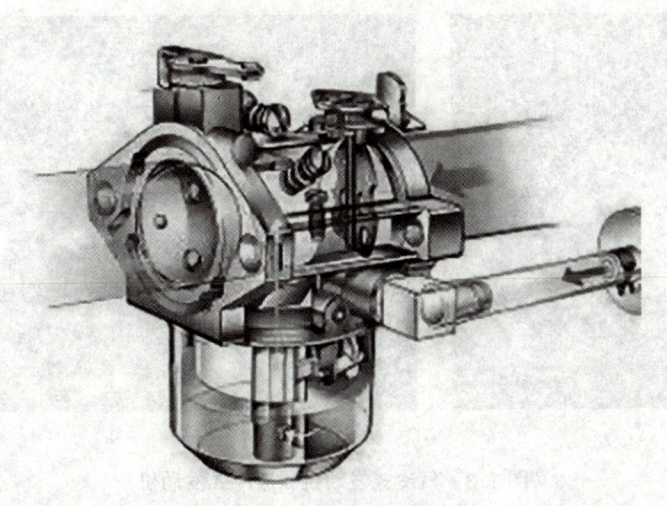

图1-1 汽化器式发动机

（2）直接喷射式发动机（图1-2）中装有燃油直接喷射装置，发动机工作时，燃油由直接喷射装置直接喷入各气缸或气缸头部进气门腔室，与适量的空气在气缸内形成混合气。直喷式喷油嘴一般安装于气缸内，直接将燃油喷入气缸内与进气混合。喷射压力也进一步提高，使燃油雾化更加细致，实现了精准控制喷油比例与进气混合，使发动机的效率更高。

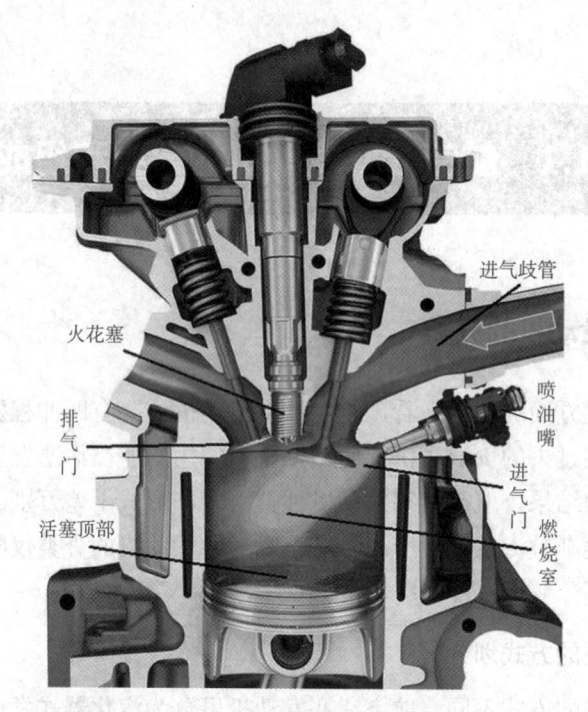

图1-2　直接喷射式发动机

2. 按发动机的冷却方式划分

根据发动机的冷却方式不同，航空活塞发动机可分为气冷式发动机［图1-3（a）］和液冷式发动机［图1-3（b）］。

图1-3　气冷式发动机和液冷式发动机
（a）气冷式发动机；（b）液冷式发动机

气冷式发动机直接利用飞行中的迎面气流来冷却气缸和相关部件；液冷式发动机利用循环的液体来冷却气缸和相关部件，再将冷却液所吸收的热量散入大气之中。

气冷式发动机与液冷式发动机的不同可以从以下几个方面来进行比较：

（1）功率：从功率角度而言，两者没有太大的差异，在某种程度上液冷式发动机稍好一些，因为气冷式发动机的散热不太好。

（2）生产难度：液冷式发动机的制作难度大，气冷式发动机相对简单。

（3）维护性和抗损性：气冷式发动机较好，即使有几个气缸坏了，也不影响飞行员返航；液冷式发动机一旦出问题，就会导致发动机停止工作，而且液冷装置的维护非常麻烦，第二次世界大战时英国就饱受梅林发动机维护麻烦之苦。

（4）装机的适用性：液冷式发动机可以做成 V 型，有助于机头形成流线，降低阻力，而且飞行员的视野比较好；气冷式发动机是星型布局的，正面面积比较大，阻力大，而且在起降时影响飞行员的视野。

3. 按空气进入气缸前是否增压划分

根据空气进入气缸前是否增压，航空活塞发动机可分为吸气式发动机和增压式发动机（图 1-4）。

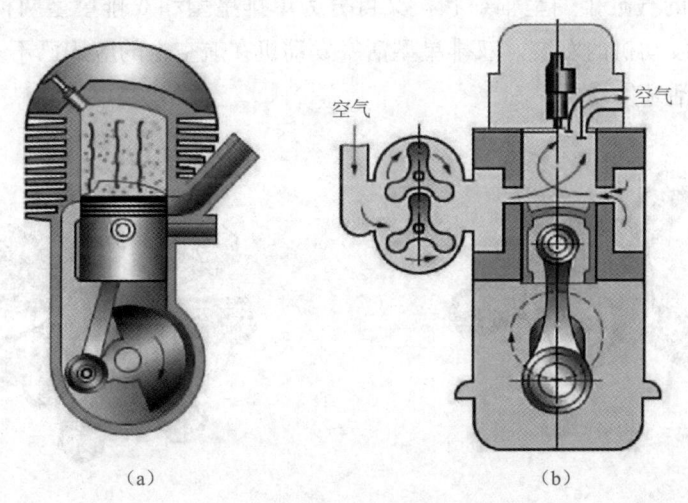

图 1-4　吸气式发动机和增压式发动机

（a）吸气式发动机；（b）增压式发动机

吸气式发动机工作时，外界的空气被直接吸入发动机气缸。一般吸气式发动机用在飞行高度较低的飞机上。增压式发动机上装有增压器，外界的空气在进入气缸之前，先经过增压器提高压力，再进入发动机气缸。增压式发动机一般用在飞行高度较高的飞机上。

4. 按气缸排列的方式划分

根据气缸排列的方式不同，航空活塞发动机可分为直列型发动机和星型发动机。直列型发动机的气缸呈"列队"式前后排列，它又可分为单排直列型、水平对置型、H 型、

V型等（图1-5）。目前使用的最常见的为水平对置型，气缸在机匣的左、右两侧各排成一行，彼此相对，这种发动机有四缸、六缸和八缸等。

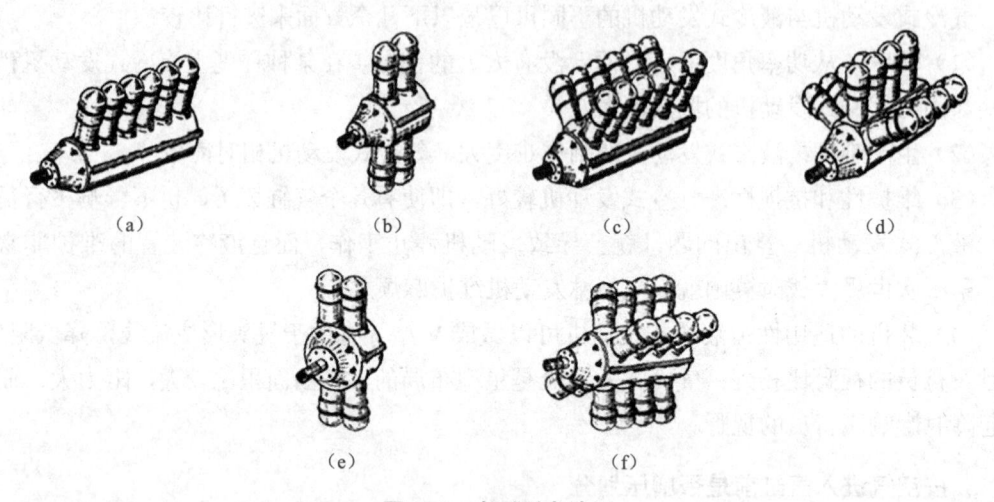

图1-5 直列型发动机

（a）单排直列型；（b）水平对置型；（c）V型；（d）W型；（e）H型；（f）X型

星型发动机的气缸排列呈辐射状，又可分为单排星型和双排星型两种（图1-6）。目前由于航空喷气发动机的发展，双排星型活塞发动机在航空上的应用已不多见了，主要使用的是单排星型活塞发动机。

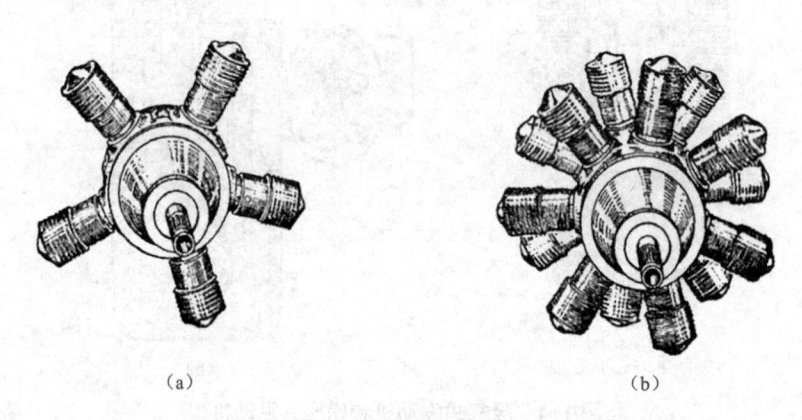

图1-6 星型发动机

（a）单排星型；（b）双排星型

5. 按驱动螺旋桨的方式划分

根据发动机曲轴和螺旋桨之间是否安装减速器，航空活塞发动机可分为直接驱动式发动机和非直接驱动式发动机。直接驱动式发动机的螺旋桨由发动机曲轴直接驱动；非直接驱动式发动机的螺旋桨由发动机曲轴通过减速器驱动。图1-7所示为直接驱动的星型活塞发动机。

以上每项对发动机的划分，都只是说明发动机的某一个侧面，对具体的发动机，应综合各种区别加以说明。例如,现在国内通航仍广泛使用的国产活塞五型(670型)航空活塞发动机(图1-8),是九缸、单排星型、气冷式、汽化器式、非直接驱动式发动机,并带有增压器;美国莱康明公司生产的IO-360航空活塞发动机有四缸、水平对置型、气冷式、直接喷射式、吸气式、直接驱动式发动机。

图1-7 直接驱动的星型活塞发动机

图1-8 活塞五型(670型)航空活塞发动机

1.1.2 航空活塞发动机的组成

装有活塞发动机的飞机,其向前飞行的拉力是由发动机带动的螺旋桨产生的,因此,螺旋桨就成了飞机的推进器,活塞发动机加上螺旋桨就组成了飞机的动力装置。有关螺旋桨的知识本项目不作阐述，下面分析活塞发动机的组成时不包括螺旋桨推进器。

航空活塞发动机的形式千差万别，构造繁简不一，但是它们的基本组成部分和基本工作原理都大致相同。航空活塞发动机由下列主要机件和一些附件工作系统组成。

1. 主要机件

主要机件包括气缸、活塞、连杆、曲轴、气门机构和机匣。这些机件的位置如图1-9所示。气缸是航空活塞发动机的主要机件，呈圆筒形，固定在机匣上。活塞安装在气缸里面，并通过连杆和曲轴相连，曲轴由机匣支承。曲轴与螺旋桨轴相连，有的发动机曲轴的轴头本身就是螺旋桨轴。气门机构由进气门、排气门及凸轮盘（或凸轮轴）、挺杆、推杆、摇臂等传动机件组成，这些机件分别安装在气缸和机匣上。

气缸是混合气进行燃烧并将燃料燃烧释放出来的热能转换为机械能的地方。活塞在气缸内做往复运动，燃气的压力作用在活塞的顶面，活塞就被推动而做功。燃气所做的功最终用来带动螺旋桨旋转，产生拉力，使飞机前进，但活塞在气缸内只能做直线运动，因此，必须把活塞的直线运动转变为螺旋桨的旋转运动，这个任务即由连杆和曲轴来完成。如前所述，连杆的一端连接活塞，另一端与曲轴的曲颈相连。当活塞承受燃气的压力做直线运动

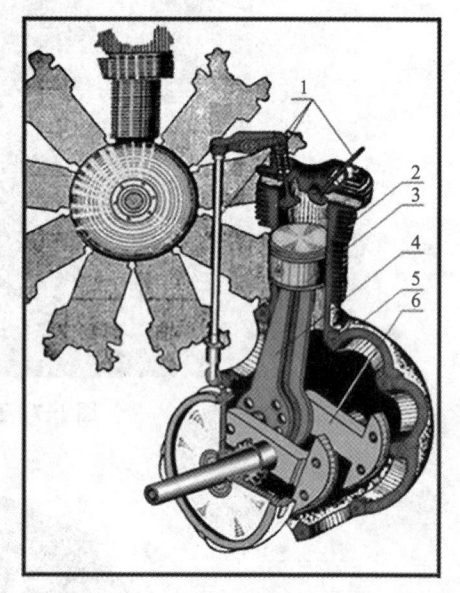

图1-9 航空活塞发动机主要机件
1—气门机构；2—气缸；3—活塞；
4—连杆；5—机匣；6—曲轴

时，经过连杆的传动，就能推动曲轴旋转，从而带动螺旋桨旋转。活塞、连杆和曲轴这三个密切关联的机件，通常又合称为曲拐机构。发动机运转时，气缸内不断进行气体的新陈代谢，气门机构的作用是控制气门的开启和关闭，以保证新鲜混合气（或空气）在适当的时机进入气缸，并保证燃烧做功后的废气适时地从气缸排出。机匣是发动机的壳体，它除用来安装气缸和支撑曲轴外，还将发动机的所有机件连接起来，构成一台完整的发动机。

大功率航空活塞发动机，在螺旋桨轴和曲轴之间一般都装有减速器，使螺旋桨轴的转速慢于曲轴的转速。

2. 工作系统

航空活塞发动机不但要具备上面所述的主要机件，而且必须有许多附件相配合，才能进行工作。发动机的附件分属于几个工作系统，每个工作系统担负发动机工作中一个方面的任务。航空活塞发动机一般都具有燃油、点火、润滑、冷却和启动等工作系统。

（1）燃油系统。燃油系统的功用是不断地供给发动机适量的燃油，并将燃油雾化，同空气均匀混合形成可燃混合气。燃油系统的形式有汽化器式和直接喷射式两种。

（2）点火系统。点火系统的功用是在适当的时刻产生电火花，点燃气缸内的混合

气。电火花是由安装在气缸上的电嘴在高压电的作用下产生的，产生高压电的附件称为磁电机。

（3）润滑系统。润滑系统的作用是不断地将润滑油送到各机件的摩擦面进行润滑，以减小摩擦阻力，减轻机件磨损。润滑油是在滑油泵的作用下，在润滑系统内部循环流动。

（4）冷却系统。冷却系统的作用是把气缸的一部分热量散发到大气中，保证气缸的温度正常。冷却系统的形式有气冷式和液冷式两种。目前在航空上多采用气冷式冷却系统。

（5）启动系统。启动系统的作用是发动机启动时，将曲轴转动起来，使发动机从静止状态转入正常工作状态。启动发动机的动力有气动力和电动力两种。

活塞发动机的分类和组成

1.2 航空活塞发动机的基本工作原理

航空活塞发动机将热能转变为机械能，是由活塞运动的几个行程来完成的。活塞运动四个行程完成一个工作循环的发动机，叫作四冲程发动机；活塞运动两个行程完成一个工作循环的发动机，叫作二冲程发动机。现代航空活塞发动机都属于四冲程发动机，本节只讨论四冲程发动机的工作循环。

1.2.1 基本术语

发动机工作时，活塞在气缸内做往复直线运动，通过连杆连接使曲轴做旋转运动。为了描述活塞的运动，下面参照图 1-10 介绍活塞发动机工作的常用术语。

（1）上死点（也称上止点）：活塞顶距曲轴旋转中心最远距离的位置。

（2）下死点（也称下止点）：活塞顶距曲轴旋转中心最近距离的位置。

（3）曲轴转角：曲臂中心线与气缸中心线的夹角。

（4）活塞行程 L：上死点与下死点之间的距离。

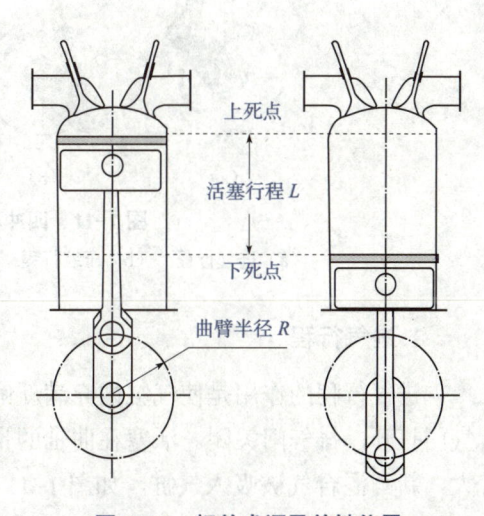

图 1-10 相关术语及关键位置

（5）曲臂半径 R：曲轴旋转中心与曲颈中心的距离。由图1-10可见，它与活塞行程的关系为

$$L=2R$$

（6）燃烧室容积 $V_燃$：活塞在上死点时，活塞顶与气缸头之间形成的容积。

（7）气缸工作容积 $V_工$：上死点与下死点之间的气缸容积，若气缸直径为 D，则

$$V_工=\frac{\pi}{4}D^2L$$

（8）气缸全容积 $V_全$：活塞在下死点时，活塞顶与气缸头之间形成的容积。显然，气缸全容积也等于燃烧室容积与气缸工作容积之和，即

$$V_全=V_燃+V_工$$

（9）压缩比 ε：气缸全容积 $V_全$ 与燃烧室容积 $V_燃$ 的比值，即

$$\varepsilon=\frac{V_全}{V_燃}$$

1.2.2 四冲程活塞发动机的工作原理

目前，飞机上采用的四冲程活塞发动机，每完成一个循环，活塞在上死点与下死点之间往返两次，连续地移动了四个行程，它们分别叫作进气行程、压缩行程、膨胀行程（工作行程）和排气行程。图1-11展示了发动机四个行程的工作图，下面分别加以说明。

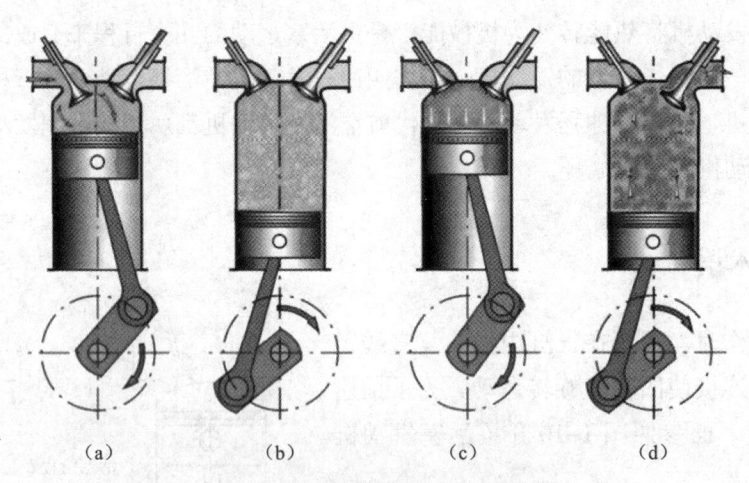

（a）　　　　　（b）　　　　　（c）　　　　　（d）

图1-11　四冲程活塞发动机的工作循环
(a) 进气行程；(b) 压缩行程；(c) 膨胀行程（工作行程）；(d) 排气行程

1. 进气行程

进气行程的作用是使气缸内充满新鲜混合气。进气行程开始时，活塞位于上死点，进气门打开，排气门关闭。活塞在曲轴的带动下，由上死点向下死点运动，气缸容积不断增大，新鲜混合气被吸入气缸，如图1-11（a）所示。曲轴转动半圈（180°），活塞到达下死点，进气门关闭，进气行程结束。

2. 压缩行程

压缩行程的作用是对气缸内的新鲜混合气进行压缩，为混合气燃烧后膨胀做功创造条件。压缩行程开始时，活塞位于下死点，进、排气门关闭。活塞在曲轴的带动下，由下死点向上死点运动，气缸容积不断缩小，混合气受到压缩，如图1-11（b）所示，气体的温度和压力不断升高。当曲轴旋转半圈、活塞到达上死点时，压缩行程结束。在理论上当压缩行程结束的一瞬间，电火花将混合气点燃并完全燃烧，放出热能，气体的压力和温度急剧升高。

3. 膨胀行程（工作行程）

膨胀行程（工作行程）的作用是使燃料的热能转换为机械能。膨胀行程开始时，活塞位于上死点，进、排气门关闭。燃烧后的高温、高压燃气猛烈膨胀，推动活塞，使活塞从上死点向下死点运动，如图1-11（c）所示。这样，燃气对活塞便做了功。在膨胀行程中，气缸容积不断增大，燃气的压力、温度不断降低，热能不断地转换为机械能。当活塞到达下死点时，曲轴旋转了半圈，膨胀行程结束，燃气也变成了废气。

4. 排气行程

排气行程的作用是将废气排出气缸，以便再次充入新鲜混合气。排气行程开始时，活塞位于下死点，排气门打开，进气门仍关闭着。活塞被曲轴带动，由下死点向上死点运动，废气被排出气缸，如图1-11（d）所示。当曲轴转了半圈，活塞到达上死点时，排气行程结束，排气门关闭。

排气行程结束后，又重复进行进气行程、压缩行程、膨胀行程（工作行程）和排气行程，航空活塞发动机就是这样周而复始往复运动的。从进气行程开始到排气行程结束，活塞运动了四个行程，完成了一个工作循环。一个循环结束后，又接着下一个循环，热能不断地转变为机械能，发动机连续不断地工作。因此，活塞发动机每完成一个工作循环，曲轴转动两圈（4×180°=720°），进、排气门各开关一次，点火一次，气体膨胀做功一次。

活塞在四个行程运动中，只有膨胀行程获得机械功，其余三个行程都要消耗一部分功，消耗的这部分功比膨胀得到的功小得多。因此，从获得的功中扣除消耗的那部分功，所剩下的功仍然很大，用于带动附件和螺旋桨转动。

四冲程活塞
发动机工作原理

1.2.3　航空活塞发动机气缸的点火次序

上面讨论了发动机里单个气缸内活塞四个行程的工作情形，但航空活塞发动机往往不是只有一个气缸，而是由多个气缸组成。无论发动机有多少个气缸，每个气缸内的活塞总是按四个行程的方式进行工作的。曲轴每旋转两圈，即完成一个循环，每个气缸内的活塞都经过进气、压缩、膨胀和排气四个行程，混合气也都被点燃一次。但是，各个气缸内同样的行程并非同时进行，而是按一定的次序均匀错开的。各个气缸点火也按相同的次序均匀错开。这样安排可以保证活塞推动曲轴的力量比较均匀，发动机的运转较为平稳。

气缸的工作次序与气缸的排列形式有关，下面仅就单排星型和水平对置型发动机气缸的点火次序做一说明。

1. 单排星型发动机的气缸点火次序

现以国产的九缸单排星型活塞五型发动机为例，说明气缸的点火次序。如图 1-12 所示，每个气缸的活塞都通过连杆连接到同一个曲轴的轴颈上，曲轴转动时，各气缸内的活塞来回运动，组成一个协调运动的整体。

图 1-12 中九个气缸均匀地排列成星型，相邻两个气缸之间的夹角为 360°/9=40°，而发动机完成一个循环，曲轴旋转两圈（720°）时，九个气缸都要点火一次，为了使九个气缸内气体膨胀做功均匀错开，曲轴每转过 720°/9=80° 就要有一个气缸点火。而 1 号与 3 号、3 号与 5 号……气缸之间的夹角恰好是 80°。可见，曲轴按顺时针方向转动，当 1 号气缸点火工作后，接着应该是 3 号气缸点火工作，然后是 5 号气缸、7 号气缸……最后又轮到 1 号气缸点火。于是，九缸星型排列的发动机的气缸点火顺序为 1→3→5→7→9→2→4→6→8→1。

图 1-12　九缸单排星型活塞五型发动机

2. 水平对置型发动机的气缸点火次序

与星型发动机不同的是，水平对置型发动机的曲轴不在同一个旋转面内，如图 1-13 所示。

九缸星型发动机的点火顺序

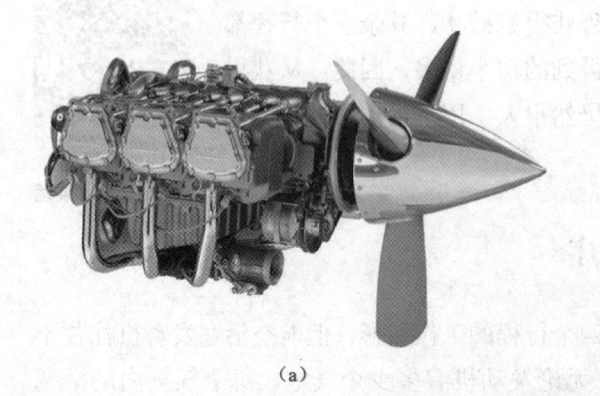

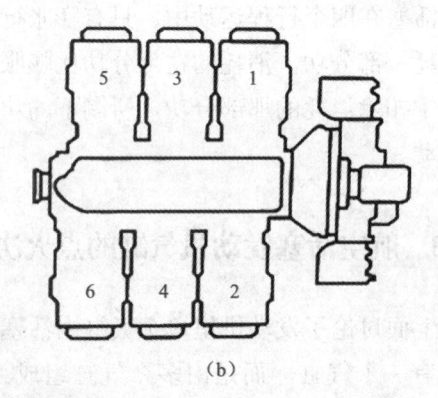

图 1-13　六缸的水平对置型发动机
（a）实物图；（b）结构图

确定该发动机的气缸点火次序时，应满足三个原则：第一，各气缸的点火间隔角应相等，对六缸发动机来说，点火间隔角为720°/6=120°；第二，曲柄的排列，除满足上述要求外，还应两两对称，以达到惯性离心力的自身平衡；第三，应尽可能使连续点火的气缸的曲柄不是相邻的曲柄，从而使机匣受力更为均匀。

美国莱康明公司生产的六缸水平对置型 IO-540-C4D5D 航空活塞发动机的点火次序及曲轴结构如图 1-14 所示。根据上述三条原则可以看出，1 号缸点火完成以后，转 120° 应是 4 号缸点火，4 号缸点火完成转 120° 应是 5 号缸点火；5 号缸点火完成转 120° 后从图 1-14 上看应该是 6 号缸点火，但 2 号缸和 6 号缸同排，因此，应安排 2 号缸点火，2 号缸点火完成转 120° 是 3 号缸，之后是 6 号缸。因此，该发动机的点火顺序是 1—4—5—2—3—6。

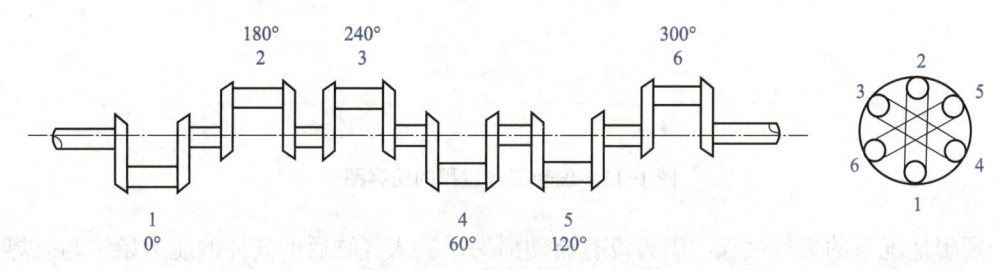

图 1-14 六缸水平对置型发动机的点火次序及曲轴结构

1.3 航空活塞发动机的理想循环

当前使用的航空活塞发动机多属于四冲程点燃式，这类发动机的理想循环就是工程热力学中介绍过的奥托循环，为了说明这一点，下面先介绍发动机的理想工作过程。

1.3.1 发动机的理想工作过程

四冲程发动机每完成一个工作循环，活塞在气缸内连续经过四个行程，工质则经历了进气、压缩、燃烧、膨胀和排气五个过程。在实际情况下，这些过程是相当复杂的，为了便于说明由各个实际过程所组成的实际循环的基本性质，这里首先设想发动机的工作是在理想情况下进行的，这五个过程就叫作理想工作过程。所谓理想情况，是指过程进行中没有摩擦，气体同外界不发生热交换，燃烧和放热都不需要耗费时间。图 1-15 所示为把五个理想工作过程按进行的次序绘制的压容图，其纵坐标为压力，横坐标为气缸容积。

图中 0—1 表示进气过程，1—2 表示压缩过程，2—3 表示燃烧过程，3—4 表示膨胀过程，4—1—0 表示排气过程。

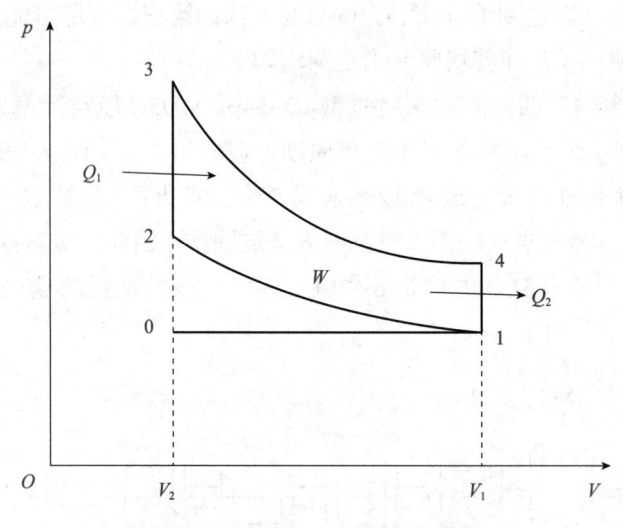

图 1-15 理想工作过程的压容图

理想情况下的进气过程，因为没有流动损失，进入气缸后的气体的压力始终与外界大气压相等，所以，这个过程是等压进气过程。压容图上的进气过程线是一条平行于横轴的直线 0—1。

理想情况下的压缩过程，因为过程进行时气体不从外界吸热，也不向外界放热，并且没有摩擦，所以是理想绝热压缩过程。压容图上的压缩过程线是一条绝热过程线 1—2。

理想情况下的燃烧过程，因为没有热损失，混合气的燃烧不需要耗费时间，从燃烧开始直到结束，气缸容积没有改变，所以是等容燃烧过程。压容图上的燃烧过程线是一条平行于纵轴的直线 2—3。

理想情况下的膨胀过程，因为过程进行时气体同外界没有热交换，也没有摩擦，所以是理想绝热膨胀过程。压容图上的膨胀过程线是一条绝热过程线 3—4。

理想情况下的排气过程可分为两个阶段。活塞刚刚到达下死点的一瞬间，排气门开放，在气缸容积保持不变的情况下，一部分废气排出气缸，气缸内的废气压力立刻下降到等于外界大气压力，这是排气过程的第一阶段。压容图上，第一阶段的排气过程线是一条等容过程线，即平行于纵轴的直线，即图中的 4—1 线。当活塞从下死点向上死点运动时，废气被活塞推出气缸，这是排气过程的第二阶段。在理想情况下，排气过程的第二阶段没有流动损失，所以在这个阶段中，气缸内气体的压力也始终等于外界大气压力。在压容图上，第二阶段的排气过程是一条等压过程线，即平行于横轴的直线，即图中的 1—0 线。

综上可知，四冲程活塞发动机的五个理想工作过程是等压进气过程、绝热压缩过程、等容燃烧过程、绝热膨胀过程和由等容排气与等压排气两个阶段组成的排气过程。

1.3.2 发动机的理想循环

由上述理想工作过程的压容图可以看出，从压缩过程开始，经过燃烧过程和膨胀过程，到排气过程的第一阶段结束，压容图上就构成了一个封闭的曲线。如果假想气缸内的工质不必排出，也无须重新引入，即略去理想工作过程中的进气过程和排气过程的第二阶段，同时，把等容燃烧过程看成是等容条件下工质从外界热源吸热的过程，把排气过程所放出的热看成是等容条件下工质向外界冷源放出的热，这样，就可以得出一个由可逆过程组成的封闭循环，这个循环叫作发动机气缸内工质的理想循环，简称理想循环。

活塞发动机的理想循环叫作奥托循环，又称定容加热循环，由绝热压缩过程、等容燃烧过程、绝热膨胀过程和等容放热过程四个可逆的工作过程组成，如图 1-16 所示。

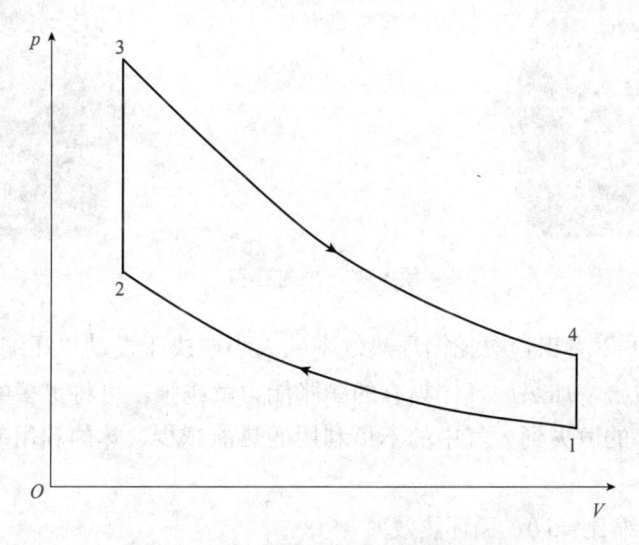

图 1-16 航空活塞发动机的理想循环

在奥托循环中，工质首先被活塞压缩，即图中的 1—2 线。在这个过程中，工质获得外功，内能增加，温度和压力提高而比体积减小。接着进行等容燃烧过程，即图中的 2—3 线。在该过程中，热源对工质加热，由于工质不对外做功，全部加热量都转变为工质的内能，使工质的温度和压力升高，而比体积保持不变，为膨胀做功准备条件。所进行的绝热膨胀过程，即图中的 3—4 线。在这个过程中，工质推动活塞对外做功，致使本身的内能减少，温度和压力下降，比体积增大。为了使工质恢复到原来的状态，以便再次做功，最后进行了定容的放热，即图中的 4—1 线。这时工质放出热量，内能减少，温度和压力降低，而比体积保持不变，直到恢复原来的状态。这样，工质就完成了一个循环。

知道了航空活塞发动机的理想循环，就可以进而分析理想循环功和热效率。在工程热力学中已经阐明，1 kg 工质完成一个理想循环所做的净功，叫作理想循环功，用 L 表示。转换为理想循环功的那部分热量与每一循环中加热量的比值，叫作热效率，用 $\eta_{热}$ 表示。

$$\eta_{热}=\frac{转换为理想循环功的热量}{每一循环中加热量}=1-\frac{1}{\varepsilon^{\gamma-1}} \qquad (1\text{-}1)$$

式中，$\varepsilon=\dfrac{V_1}{V_2}$，发动机压缩比，如图 1-17 所示。

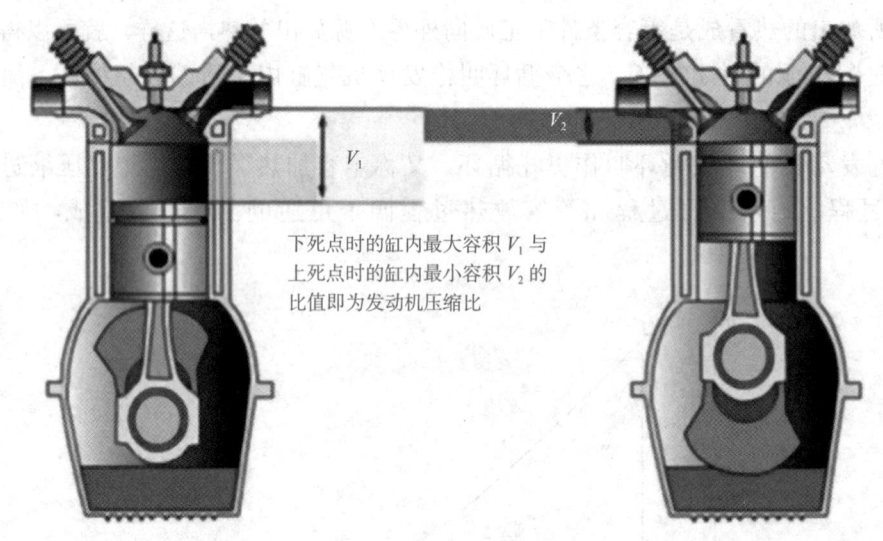

图 1-17　气缸容积

由式（1-1）可以看出，奥托循环热效率的大小取决于发动机压缩比。压缩比越大，气体被压缩得越厉害，加热后气体具有的膨胀能力就越强，可将更多的热能转换成机械能，且随废气排出的散失到大气中的不可利用的热能越少，热的利用率越高，故热效率越高。

如果发动机压缩比 =6.0，循环热效率 =51%；

如果发动机压缩比 =8.0，循环热效率 =56.5%；

如果发动机压缩比 =9.0，循环热效率 =58.5%。

在定容加热循环中，热效率 $\eta_{热}$ 与压缩比 ε 及工质的绝热指数 γ 有关。当绝热指数一定时，热效率 $\eta_{热}$ 只与压缩比 ε 有关，其关系是随着压缩比 ε 的增加，热效率 $\eta_{热}$ 也随之增加。

发动机的实际工作过程较为复杂，如压缩、膨胀过程并非严格的绝热过程，存在散热损失；燃烧过程也并非严格的等容加热，实际加热过程是通过组织燃油与空气燃烧，释放出燃油中的热能而实现的，存在不完全燃烧及燃烧产物的离解损失等。所有这些损失最终都会使气体膨胀能力降低，气体对发动机所做的机械功减少，因此，实际发动机的热效率更低。为了提高其热效率，除应增加发动机压缩比外，还须尽可能减少发动机各工作过程损失。

1.3.3 热力学基本定律

热力学第一定律和第二定律是科学界公认的宇宙普遍规律。能量守恒定律认为，能量可以由一种形式转变为另一种形式，但其总量既不能增加也不会减少，是恒定的。这个定律应用到热力学上，就是热力学第一定律。这一定律指出物质和能量既不能被消灭，也不能被创造。热力学第二定律是描述热量传递方向的：分子有规则运动的机械能可以完全转化为分子无规则运动的热能；热能却不能完全转化为机械能。此定律的一种常用表达方式是每个自发的物理或化学过程总是向着熵增加的方向发展。

1. 热力学第一定律

在工程热力学中，热力学第一定律主要说明热能和机械能在转移与转换时，能量的总量是守恒的。它确定了热能与机械能在转换时相互间的数量关系，是热力学的基本定律，是进行热力分析的基础。

能量守恒与转换定律是自然界中最重要的普遍规律之一。它说明自然界中物质所具有的能量既不能被创造，也不能被消灭，只能从一种形式转变为另一种形式，在转变的过程中，能量总和保持不变。热力学第一定律是能量转换和守恒定律在热力学上的应用，它确定了热与其他形式能量相互转换在数量上的关系。热和功都是能量的形式，因此，它们可以相互转换。热和功相互转换的数量关系便是由热力学第一定律来阐明的。

能量转换和守恒定律指出：在自然界，一切物质都具有能量。能量有各种不同的形式，能量转换和守恒定律不是从任何理论中推导出来的，而是人类长期的生产斗争和科学实验中丰富经验的总结，并为无数实践所证实。它是自然现象中最普遍、最基本的规律之一，普遍适用于机械、热、电（磁）、原子、化学、生物等能量的变化过程。物理学中的功能原理、工程力学中的机械能守恒定律等，其实质都是能量转换和守恒定律。热力学第一定律就是能量转换和守恒定律在热现象领域的应用。

热力学第一定律可以表述为：热可以变为功，功也可以变为热。一定量的热消失时，必产生与之数量相当的功；消耗一定量的功时，也必出现相当数量的热。

历史上曾有不少人企图制造一种不消耗能量而能连续不断做功的所谓第一类永动机，但所有此类永动机都违反了能量转换和守恒定律，均归于失败。因此，热力学第一定律也可表述为：第一类永动机是不可能造成的。

2. 热力学第二定律

在自然界中，热力过程具有方向性。热力学第一定律只是准确地肯定了过程中的能量平衡关系，并不能说明过程的方向性，而研究过程的方向性，正是热力学第二定律的任务。研究热力学第二定律，分析发动机的理论循环，主要目的是弄清楚怎样把加入的热能更多地转换为机械能，明确提高热效率的方法。目前，广泛用在航空发动机上的热力循环是航空活塞发动机采用的奥托循环和航空燃气涡轮发动机采用的布莱顿循环。

以下介绍航空活塞发动机的理想循环（奥托循环）。

如图 1-18 所示，奥托循环是由绝热压缩 1—2、等容燃烧 2—3、绝热膨胀 3—4 和等容放热 4—1 四个热力过程组成的。这个循环首先由德国工程师奥托在 1876 年成功地应用于内燃机并由此得名。由于该循环在等容条件下燃烧加热，因此也称为等容加热循环。现代航空活塞发动机都是按奥托循环来工作的。

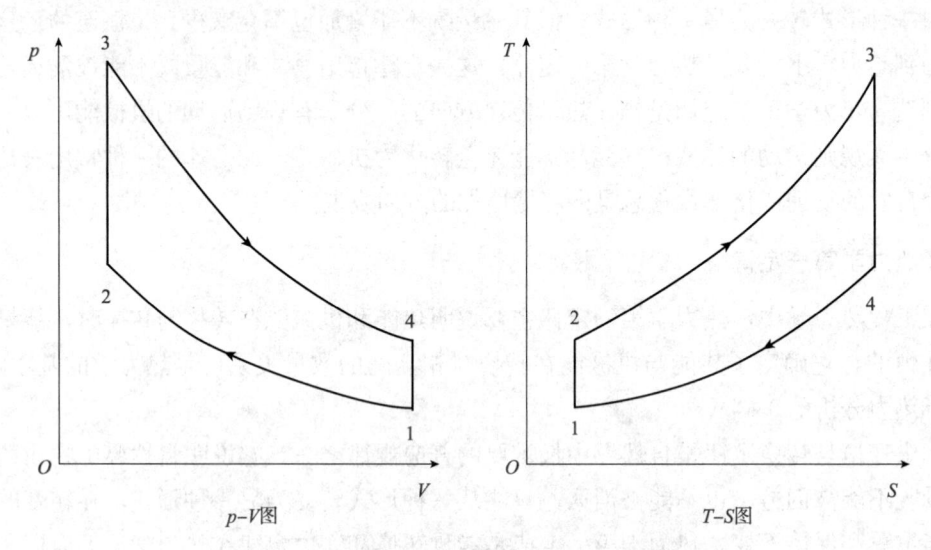

图 1-18　航空活塞发动机的理想循环（奥托循环）

在奥托循环中，工质首先被活塞压缩，进行绝热压缩。在这个过程中，首先发动机对工质做功，气体压力和温度升高，为气体燃烧、膨胀做准备；然后进行等容加热，实际上是燃料燃烧释放出热能的过程，气体温度、压力急剧升高，为膨胀做功准备条件；接着进行绝热膨胀，在这个过程中，工质推动活塞做功，气体压力、温度降低；最后气体进行等容放热过程，工质向外界放出热量，气体温度、压力降低，直到恢复到原来状态。这样，工质就完成了一个循环。由此可见，通过工质气体不断地完成热力循环，最终发动机就不断地输出机械功。这一切都依赖燃料可靠燃烧，因此必须确保可靠的点火源。

3. 热力学第二定律的表述

人们在研究机械能与热能相互转化的过程中，通过大量的实践发现，机械能可以通过摩擦自发地全部转换成热能，但反过来，热能却不可能全部转换成机械能。无数实践表明：热能转变成机械能的过程中，必须损失一部分，才能将另一部分转变成机械能，不可能将全部热能转变成机械能。

热力学第二定律是人们在实践中总结出来的客观规律。它有各种不同的说法，其中涉及范围最广泛的一种说法是：自然界中凡是有关热现象的自发过程都是不可逆的。

这里所说的自发过程是指不需外界辅助就能自动进行的过程。例如，有两个被分隔开的容器，甲容器内盛有气体，乙容器内为真空，当它们连接在一起并互相沟通时，气体就会自发地从甲容器流入乙容器，这是一种自发过程；反之，已经流进乙容器的气体，却决不会自发地逆向全部流回到甲容器中。

在长期的生产实践中，人们早就熟悉这样的事实：热能不会自发地转换为机械能，而机械能通过摩擦能自发地转换为热能。为什么机械能转换为热能与热能转换为机械能这两种过程之间会有这种区别呢？这是由热能的本质所引起的。热能是物质内部大量分子做无规则运动所产生的能量。大量分子的无规则运动是一种漫无秩序的混乱运动，一切有规则的运动往往很容易被破坏而转变为这种无规则的运动。也就是说，有规则的运动转变为无规则的运动的机会较多。反之，大量分子漫无秩序的混乱运动自发地转变为同一方向有规则运动的机会则非常少。因此可以说，这种转变是不可能自发性出现的。机械运动是大量分子的有规则运动，所以，可以自发地转变为热能，而热能却不能自发转变为机械能。

要想使自发过程逆向进行，必须提供一定的条件。例如，要使热从温度较低的物体逆向传至温度较高的物体，必须有制冷机，同时要靠外界对制冷机做功，这里所说的"外界做功"，就是使热由温度较低的物体传至温度较高的物体必须具备的条件。没有这个条件，热绝不会从温度较低的物体自发地传到温度较高的物体上。

热力学第二定律有多种表述形式，比较著名的有以下两种：

（1）克劳修斯表述。克劳修斯将热力学第二定律表述为：热不可能从低温物体传到高温物体而不引起其他任何变化。

航空发动机工作时，燃料在气缸或燃烧室中燃烧，释放出热能，对工质加热，相当于热源向工质供热，工质膨胀做功后排出发动机。无论工质膨胀得如何彻底，膨胀后的温度总是比大气温度高，从而不可避免地有一部分热能排入大气中，这可以看作向冷源排热。所以，任何一种热机要将热能转变成机械能，必须具备热源和冷源，工质必须向冷源排热，因而只能将部分热能转变成机械能。这是热机热效率不高的根本原因之一。

由于任何热力发动机都要向冷源排热，因此，从热源获得的热量不可能全部转换为功，只有热源获得的热量与排到冷源中的热量的差额，这部分热量才能转换为功。

（2）开尔文-普朗克表述。开尔文-普朗克将热力学第二定律表述为：不可能制造出只与单一温度的热源交换热量并对外界做功又不引起其他变化的循环热力发动机。

克劳修斯表述指出，为了使热从低温物体传到高温物体，必须由外界做功；开尔文-普朗克表述指出，为了使热力发动机运行，必须同时具备高温热源和低温热源。因此，不可能把吸收的热量全部转变为功，即不可能制造出热效率为100%的热力发动机。那种所谓不违反热力学第一定律，能利用存在于自然界中的无限能量并永久运转下去的发动机，称为第二类永动机。热力学第二定律表明制造出第二类永动机是不可能成功实现的。

热力学第二定律的两种表述法在语句表达方式上虽然不同，但实质上是等效的。如果否定其中一种表述，必定导致否定另外一种表述。

热力学第二定律是人们在实践中总结出来的自然界中的一条客观规律，不能违背。历史上曾有人企图创造一种发动机，利用大气所含热能来源源不断地做功。这种只从一个热源（大气）吸收热能来做功的发动机（称为第二类永动机）是违反热力学第二定律的（没有冷源），只有转变为机械能的热量而没有废气带走的热量，这种想法是不可能实现的。根据热力学第二定律，人们虽然不能把加入发动机的热量全部转变成机械功，但是，在尽可能的范围内，必须想方设法尽量减少损失，把加入的热量尽可能多地转变为机械功，以提高发动机的效率。

1.4　二冲程往复式航空活塞发动机的工作原理

与四冲程往复式航空活塞发动机相比，二冲程往复式航空活塞发动机的一个工作循环中仅有两个冲程，曲轴旋转一周，发动机对外做功一次。

二冲程往复式单缸航空活塞发动机的典型结构如图 1-19 所示。其包括火花塞、气缸、扫气孔（换气孔）、连杆、曲轴箱、曲轴、活塞、进气口、排气口等。与四冲程往复式单缸航空活塞发动机相比，二冲程往复式单缸航空活塞发动机没有进气阀和排气阀，进气口、排气口的开启和关闭由活塞的位置决定；此外，二冲程往复式单缸航空活塞发动机的缸体上开有扫气孔，用于曲轴箱与气缸之间的气体交换。

二冲程往复式单缸航空活塞发动机的第一冲程中，活塞由下死点移动到上死点；在第二冲程中，活塞由上死点移动到下死点，如图 1-19 所示。具体工作过程如下。

第一冲程：当活塞处于下死点时，进气口被活塞关闭，扫气孔和排气口开放。此时，曲轴箱内的可燃性混合气体经扫气孔进入气缸，扫除气缸中的废气；在曲轴的惯性力作用下，活塞向上死点运动，运动过程中活塞首先将扫气孔关闭，但此时排气口尚未关闭，仍有部分废气和可燃性混合气体被排出；活塞继续向上运动并将排气口关闭，之后，气缸内的可燃性气体被压缩，当活塞到达上死点时，压缩过程结束，如图 1-19 所示。

第二冲程：在压缩过程结束时，火花塞点火将气缸内的可燃性混合气体点燃，此时排气口和扫气孔均被活塞关闭但进气口开启，空气和燃油经进气口进入曲轴箱。随着燃气膨胀做功，活塞向下死点运动，曲轴箱的容积减小，曲轴箱内的混合气体也被预压缩；在活塞运动过程中，排气口首先被开启，膨胀做功后的废气经排气口排出。至此，做功过程结束；随后，扫气孔被开启，预压缩后的混合气体从曲轴箱经扫气孔进入气缸。当活塞到达下死点后，进入下一个工作循环的第一冲程，如图 1-19 所示。

相对于四冲程往复式单缸航空活塞发动机，二冲程往复式单缸航空活塞发动机具有以下优点：

（1）曲轴旋转一周，火花塞点火一次，发动机旋转平稳；

（2）无进气阀、排气阀等零部件，结构相对简单；

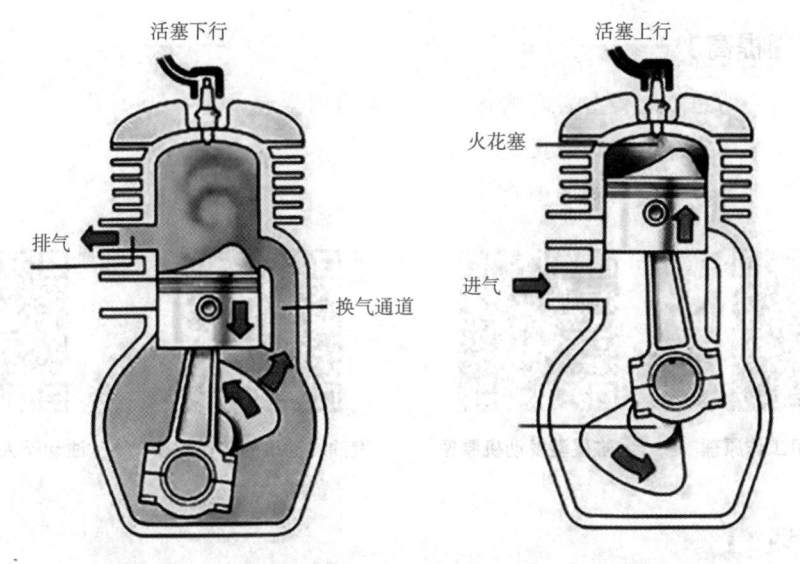

图 1-19 二冲程往复式单缸航空活塞发动机的典型结构

（3）往复运动产生的惯性力小、振动小、噪声低；

（4）转速与四冲程往复式单缸航空活塞发动机相同时，二冲程往复式单缸航空活塞发动机的功率更大。

二冲程往复式单缸航空活塞发动机也存在燃油损失大、活塞易磨损等缺点。目前，低空长航时的航测无人机普遍使用二冲程往复式单缸航空活塞发动机。

二冲程活塞发动机工作原理

【项目小结】

本项目主要讲述了航空活塞发动机的相关知识。航空活塞发动机是无人机动力系统里重要的组成部分，其主要有四冲程发动机和二冲程发动机两种类型。其主要机件包括气缸、活塞、连杆、曲轴、气门机构和机匣。为了保证发动机的正常工作，航空活塞发动机一般都具有燃油、点火、润滑、冷却和启动等工作系统。

四冲程发动机每完成一个循环，活塞在上死点与下死点之间往返两次，连续地移动四个行程，分别叫作进气行程、压缩行程、膨胀行程（工作行程）和排气行程。

二冲程往复式航空活塞发动机的一个工作循环中仅有两个冲程，曲轴旋转一周，发动机对外做功一次。

现代航空活塞发动机都采用奥托循环，它由绝热压缩、等容燃烧、绝热膨胀和等容放热四个热力过程组成；影响奥托循环的热效率因素是气缸压缩比，压缩比越大，热效率越高。

热力学第二定律是人们在实践中总结出来的客观规律，它说明了要制成只从一个热源吸收热量并把它全部转换成机械功的发动机是不可能的，这是热机效率不可能任意高的根本原因。

【巩固提高】

1. 奥托循环的组成有哪些？影响循环热效率的因素有哪些？
2. 热力学第二定律的物理意义是什么？

相关知识可参考二维码视频资料。

| 二冲程发动机工作原理 | 九缸星型发动机原理 | 汽油发动机的工作原理 | 油动无人机燃料探析 |

【实训1】

活塞发动机的调试

■ 任务描述

二冲程活塞发动机是油动无人机的主要动力装置，其正常运行直接决定无人机的任务飞行。活塞发动机若出现紧急故障，必须立即排除故障，并调整至正常状态，确保任务顺利展开。本实训项目通过活塞发动机的组装与调试，使学生能够掌握发动机的组装及调试技能。

■ 任务目标

通过实训项目，了解活塞发动机的部件及构成，能够独立完成活塞发动机的拆装，熟悉和掌握活塞发动机高低速油针的调节规律，掌握活塞发动机的启动流程，具备基本的活塞发动机调试能力，掌握无人机发动机常见故障的分析与排除方法，了解无人机发动机的调试检验流程、方法和标准。DLE-40活塞发动机组件与发动机主体分别如图1-20和图1-21所示，在拆装过程中，注意部件的安装与检查，避免出现部件的错装与漏装。

图1-20　DLE-40活塞发动机组件

图1-21　DLE-40活塞发动机主体

任务实施

一、安全检查

1. 将航空活塞发动机用螺栓固定在平整台面上，并采取防松措施。
2. 台面木板厚度为 15～20 mm，确保工作台牢固。
3. 检查航空活塞发动机机械连接紧固情况，若有松动，应予以拧紧并采取防松措施。
4. 检查航空活塞发动机螺旋桨是否正常、紧固是否良好。

二、状态检查

1. 检查燃油是否充足。
2. 检查油路是否畅通。
3. 检查火花塞是否紧固。
4. 检查发动机转动是否正常。

三、启动准备

1. 打开电源开关。
2. 关闭阻风门。
3. 将节气门推至大马力位置（油门全开）。
4. 连接好启动电机与铅酸蓄电池，注意红正黑负。
5. 将启动电机紧压在桨帽上，二人协力，约定好启动口令。
6. 口令下达时，按下电机开关使螺旋桨转动（如果发动机已经达到启动状态，会短暂运行后熄火）。
7. 航空活塞发动机停止运转后，打开阻风门。
8. 将油门收至怠速或中低速，准备正式启动运行。

四、启动实施

1. 将启动电机紧压在桨帽上，二人协力，约定好启动口令。
2. 口令下达时，按下电机开关使螺旋桨转动。
3. 当观察到航空活塞发动机已启动运行时，松开电机开关，同时取下启动电机。
4. 后退一步，将启动电机放置在规定位置。
5. 启动时间最长 5 s，超过 5 s 需暂停启动。
6. 等待 15 s，按照前述动作进行第二次启动。
7. 若启动 3 次均未能启动航空活塞发动机，则立即停止启动，检查航空活塞发动机存在的故障。

五、故障定位与排除

1. 检查油针预置是否正确。查看说明书确定高速和低速两个油针的圈数值，将汽化器的两个油针拧到底，然后按照各自规定的数值退相应的圈数进行预置。
2. 检查点火系统工作是否正常。若不正常，则根据现象分析原因，查找故障点并予以排除。

3. 检查供油系统工作是否正常。若不正常，则根据现象分析原因，查找故障点并予以排除。

4. 检查活塞发动机其他部位是否正常。若不正常，则根据现象分析原因，查找故障点并予以排除。

排除所发现的故障后，重新进行"启动准备"与"启动实施"，若所有影响活塞发动机启动的故障均被排除，则活塞发动机进入正常运行状态。

若活塞发动机开始运行后，出现缸温异常、转速异常、声音异常等情况，则说明活塞发动机还存在其他故障，需立即调至低转速并停机，进行进一步故障排查。

六、发动机调试

当所有故障均被排除后，活塞发动机启动后即可开始正常运行，下一步需进行无人机发动机性能的调试。

1. 低速油针调整

（1）低速油针打开到说明书要求的圈数附近，启动活塞发动机。

（2）调整活塞发动机进入怠速，调节低速油针，使活塞发动机转速稳定在峰值上。此时，检测活塞发动机转速，应不高于 2 000 r/min。

（3）慢推油门至节气门打开一半的位置，观察发动机状态变化，若转速能够比较灵敏地跟随油门升高，则正常；若转速不能比较灵敏地跟随油门升高，则需对低速油针进行微调直至反应灵敏。

2. 高速油针调整

（1）调整发动机节气门至 60% 的位置，调节高速油针使发动机转速稳定在峰值上，继续松油针 1/8 圈左右使活塞发动机工作在稍微富油的状态。

（2）加大油门并保持 10 s 以上，此时，检测活塞发动机转速，应不低于 8 000 r/min。

（3）降到怠速，观察活塞发动机状态变化。若活塞发动机能马上（2 s 内）降到怠速，则油针位置正确，否则需进行微调直至能够顺利跟随。

七、停车

将活塞发动机调到小马力状态，运行约半分钟，关闭发动机电源开关，发动机停车。

若活塞发动机无法停车，可以用手捂住汽化器进气口迫使活塞发动机停车。

若无法捂住汽化器进气口，可掐住油管采用断油法使活塞发动机停车。

活塞发动机调试工卡见表 1-1。

表 1-1 活塞发动机调试工卡

工卡标题	活塞发动机调试		
发动机类型	DLE-40 活塞发动机	工种	
工时	2 h	工作区域	无人机实训室
注意事项	将活塞发动机用螺栓固定在平整台面上，并采取防松措施； 检查活塞发动机机械连接紧固情况，若有松动，则予以拧紧并采取防松措施； 检查活塞发动机螺旋桨是否正常、紧固是否良好； 调试过程中注意安全，严禁将身体任何部位或其他物体靠近螺旋桨旋转区域		
编写/修订		批准	
日期		日期	

续表

器材清单						
序号	设备名称	单位	数量	工作者	检查者
1	DLE-40 活塞发动机	台	1		
2	发动机金属支架	套	1		
3	大杯体启动电机	套	1		
4	3 S，2 000 mAh 蓄电池	个	2		
5	防静电塑钢操作台	套	1		
6	角码固定件	个	2		
7	14×10 螺旋桨	个	1		
8	桨帽	个	1		
9	2 S，1 500 mAh 锂电池	块	1		
10	舵机控制器	个	1		
11	油门舵机	个	1		
12	Z 型钢丝油门连杆	根	1		
13	400 cc[①] 油箱	个	1		
14	实木固定板材	块	1		
15	家具、螺栓等固定件	套	1		
耗材清单						
序号	规格型号	单位	数量	工作者	检查者
1	LED 转速计	个	1		
2	6 号、8 号开口扳手	把	2		
3	尖嘴钳	把	1		
4	14 mm 火花塞套筒	把	1		
5	内六角扳手	套	1		
6	中号、小号一字螺钉旋具	把	2		
7	DL9502 塞尺	把	1		
8	绝缘胶布	卷	1		
9	剥线钳	把	1		
10	电烙铁	个	1		
11	92 号汽油	升	1		

① cc 是容积/体积单位，意思是立方厘米。

续表

耗材清单					
序号	规格型号	单位	数量	工作者	检查者
12	美孚小霸王 2 T 润滑油	升	0.5		
13	500 mL 量杯	个	1		
14	不锈钢油桶	个	1		
15	手动抽油泵	个	1		
16	登升软甲防护手套	双	2		
17	3M 护目镜	个	2		
工作任务					
工作准备				工作者	检查者
（1）将活塞发动机用螺栓固定在平整台面上，并采取防松措施					
（2）检查活塞发动机机械连接紧固情况，若有松动，则予以拧紧并采取防松措施					
（3）检查活塞发动机螺旋桨是否正常、紧固是否良好					
（4）检查燃油是否充足					
（5）检查油路是否畅通					
（6）检查火花塞是否紧固					
（7）检查活塞发动机转动是否正常					
启动准备				工作者	检查者
（1）打开电源开关，关闭阻风门，将节气门推至大马力位置（油门全开）					
（2）连接好启动电机与铅酸蓄电池，注意红正黑负					
（3）将启动电机紧压在桨帽上，二人协力，约定好启动口令					
（4）口令下达时，按下电机开关使螺旋桨转动（如果活塞发动机已经达到启动状态，就会短暂运行后熄火）					
（5）活塞发动机停止运转后，打开阻风门，将油门收至怠速或中低速，准备正式启动运行					
启动实施				工作者	检查者
（1）将启动电机紧压在桨帽上，二人协力，约定好启动口令，口令下达时，按下电机开关使螺旋桨转动					
（2）当观察到活塞发动机已启动运行时，松开电机开关，同时取下启动电机，后退一步，将启动电机放置在规定位置					

续表

工作任务		
启动实施	工作者	检查者
（3）启动时间最长 5 s，超过 5 s 需暂停启动，等待 15 s，按照前述动作进行第二次启动		
（4）若启动 3 次均未能启动活塞发动机，则立即停止启动，检查活塞发动机存在的故障		
故障定位与排除	工作者	检查者
（1）检查油针预置是否正确。查看说明书确定高速和低速两个油针的圈数值，将汽化器的两个油针拧到底，然后按照各自规定的数值退相应的圈数进行预置		
（2）检查点火系统工作是否正常。若不正常，则根据现象分析原因，查找故障点并予以排除		
（3）检查供油系统工作是否正常。若不正常，则根据现象分析原因，查找故障点并予以排除		
（4）检查活塞发动机其他部位是否正常。若不正常，则根据现象分析原因，查找故障点并予以排除		
（5）排除所发现的故障后，重新进行"启动准备"与"启动实施"，若所有影响发动机启动的故障均被排除，则发动机进入正常运行状态		
（6）若活塞发动机开始运行后，出现缸温异常、转速异常、声音异常等情况，则说明活塞发动机还存在其他故障，需立即调至低转速并停机，进行进一步的故障排查		
发动机调试（高低速油针调整）	工作者	检查者
（1）低速油针打开到说明书要求的圈数附近，启动发动机		
（2）调整发动机进入怠速，调节低速油针使发动机转速稳定在峰值上。此时，检测发动机转速，应不高于 2 000 r/min		
（3）慢推油门至节气门打开一半的位置，观察发动机状态变化，若转速能够比较灵敏地跟随油门升高，则正常；若转速不能比较灵敏地跟随油门升高，则需对低速油针进行微调直至反应灵敏		
（4）调整发动机节气门至 60% 的位置，调节高速油针使发动机转速稳定在峰值上，继续松油针 1/8 圈左右使发动机工作在稍微富油的状态		
（5）加大油门并保持 10 s 以上，此时检测发动机转速，应不低于 8 000 r/min		
（6）降到怠速，观察发动机状态变化。若发动机能马上（2 s 之内）降到怠速，则油针位置正确，否则需进行微调直至能够顺利跟随		

续表

工作任务		
停车结束工作	工作者	检查者
（1）将活塞发动机收到小马力状态，运行约 30 s，关闭发动机电源开关，发动机停车（若发动机无法停车，则可以用手捂住汽化器进气口迫使活塞发动机停车；若无法捂住汽化器进气口，则可掐住油管采用断油法使发动机停车）		
（2）清点工量具		
（3）清扫现场		

航模汽油发动机—
汽化器基本原理介绍

航模汽油发动机—
低高速油针调节

航模汽油发动机—
汽油机基础磨合调试教程

项目 2　航空燃气涡轮发动机

【知识目标】

（1）掌握涡轮发动机的分类和组成；
（2）掌握涡轮发动机的基本工作原理；
（3）掌握涡轮发动机的构造。

【能力目标】

（1）能分辨涡轮发动机的各个组成部分；
（2）能简述涡轮发动机的基本工作原理。

【素质目标】

（1）具有艰苦朴素的工作作风和迎难而上的工作信念；
（2）具备一定的创新意识；
（3）养成严谨细致的工作作风。

【学习导航】

本项目主要学习涡喷发动机的结构组成。

【问题导入】

从 1903 年世界上第一架飞机升空到第二次世界大战末期，所有飞机都使用航空活塞发动机作为动力装置。20 世纪 40 年代中期，在军用和大型民用飞机上，燃气涡轮发动机逐步取代了航空活塞发动机，得到了快速发展。与燃气涡轮发动机相比，小功率航空活塞发动机比较经济，在轻型低速飞机上仍得到较普遍应用。那么：

1. 与航空活塞发动机相比，燃气涡轮发动机的优点在哪里？
2. 涡喷、涡桨、涡扇、涡轴发动机的区别在哪里？
3. 未来航空发动机的发展方向是什么？

航空活塞发动机的发明帮助人类实现了航空飞行，但随着人类对高速飞行的追求，航空活塞发动机工作原理的局限性凸显。具体而言，航空活塞发动机通过驱动螺旋桨产生推力，在飞行器高速飞行时，螺旋桨桨尖的空气被强烈压缩后形成一种强压力波——激波，会对螺旋桨带来极大的阻力，甚至可能造成螺旋桨折断，从而引起推进效率急剧下降，因此，采用航空活塞发动机与螺旋桨的飞行器无法实现超声速飞行。为了获得更高的飞行速度，航空燃气涡轮发动机应运而生。

1937年，英国工程师Frank Whittle与德国工程师Hans von Ohain分别独立发明了涡喷发动机，开启了人类动力史的新篇章。涡喷发动机首先应用在有人驾驶飞机上，1951年，世界上第一款采用涡喷发动机的无人机"火蜂"诞生。在涡喷发动机的基础上，相继衍生出了多种燃气涡轮发动机：1945年，涡桨发动机问世，凭借其低油耗的优势，从问世至今在无人机中得到了广泛应用，如著名的美国MQ-9"收割者"无人机、中国"翼龙-Ⅱ"无人机等；1950年，涡轴发动机研制成功，成为垂直起降无人机的主要动力装置，如美国的"火力侦察兵"无人机；1957年，美国General Electric Company发明了第一台连续稳定工作的CJ805-23涡扇发动机，兼具低油耗和大推力的特点，在大型无人机中得到广泛应用，如美国的"全球鹰"无人机。

上述航空燃气涡轮发动机的工作原理衍生于涡喷发动机，但输出动力的方式有所不同。涡喷发动机通过向后喷出高速气流产生推力；涡桨发动机在涡喷发动机的基础上加装螺旋桨，燃气膨胀后驱动涡轮，涡轮带动螺旋桨旋转产生推力；涡轴发动机在涡喷发动机的基础上加装旋翼，燃气膨胀后驱动涡轮，涡轮带动旋翼旋转产生升力；涡扇发动机通过向后喷出高速气流产生推力，与涡喷发动机不同的是，涡扇发动机的气流通道为两通道或三通道。

本项目首先详细介绍涡喷发动机的工作原理、结构特点和发展历史，对于涡桨发动机、涡轴发动机和涡扇发动机，在工作原理、结构特点方面，重点介绍它们与涡喷发动机的区别，同时简要介绍各自的发展历史。

航空发动机发展史

2.1 涡喷发动机

2.1.1 涡喷发动机的工作原理

涡喷发动机是一种通过喷出高速燃气获得推力的动力装置。如图2-1所示，涡喷发动机主要由进气道、压气机、燃烧室、涡轮和尾喷管等组成。其中，压气机、燃烧室和涡轮所组成的装置又被称为核心机。此外，为了增大推力，某些军用涡喷发动机还会在涡轮后布置加力燃烧室，如图2-2所示，开启加力燃烧室时，能够短时间内获得更大的推力，大幅度提高飞行速度。

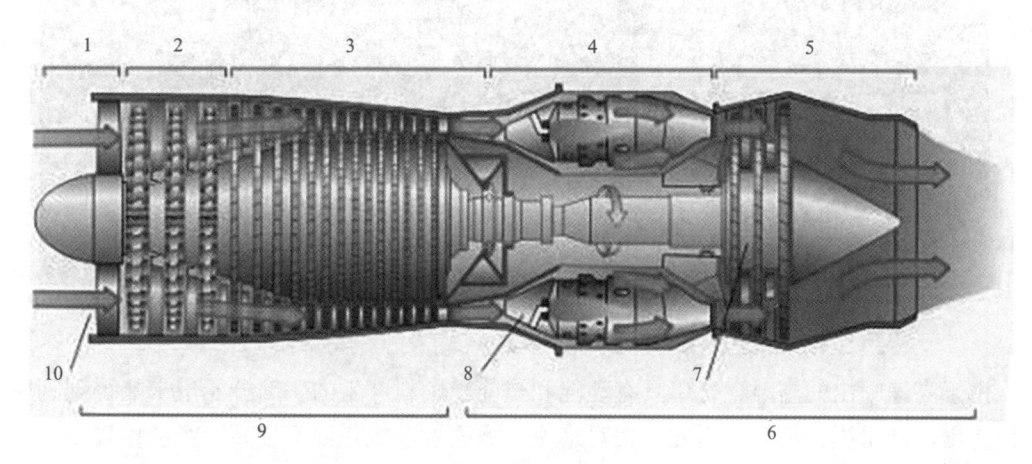

图2-1 涡喷发动机结构示意

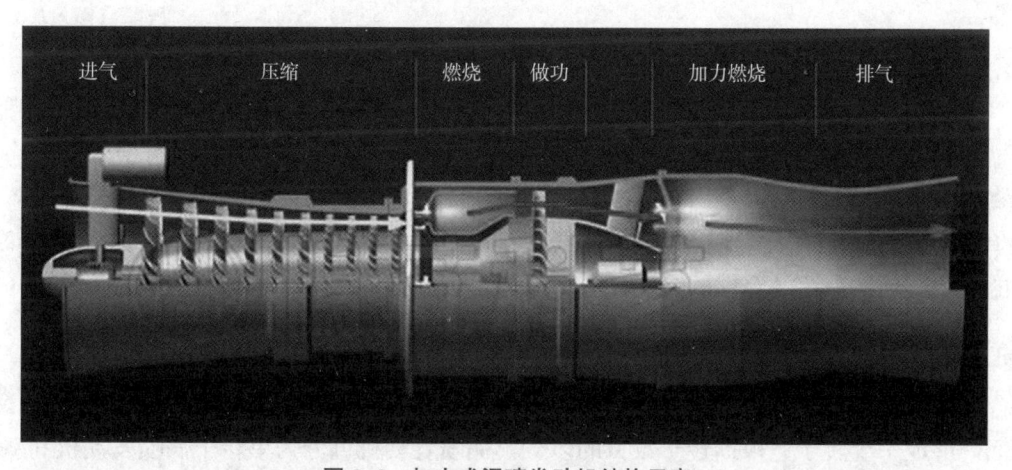

1—吸入；2—低压压缩；3—高压压缩；4—燃烧；5—排气；
6—热区域；7—涡轮机；8—燃烧室；9—冷区域；10—进气道

图2-2 加力式涡喷发动机结构示意

涡喷发动机工作时，首先，前方空气经过进气道后进入发动机，在压气机中被压缩，空气体积减小、压力增大；其次，进入燃烧室，并与喷入的燃料混合燃烧，燃料中的化学能转化为热能；再次，高温、高压燃气进入涡轮膨胀做功，使涡轮高速旋转并输出驱动压气机及其他附件的功率；最后，燃气经尾喷管高速喷出。对于加力式涡喷发动机而言，涡轮喷出的燃气在加力燃烧室中再次喷油燃烧，燃气温度进一步提高，瞬间增大发动机推力。根据作用力与反作用力的原理，高速喷出的燃气对发动机产生反作用力（图2-3），而空气（包括燃气和空气）反作用力的轴向合力就是涡喷发动机产生的推力。

图 2-3 航空燃气涡轮发动机地面试验中喷出的燃气

由于高速喷出的高温燃气仍具有动能和热能,燃料产生的一部分能量未能得到利用而直接排出,能量损失较大,因此,相对来说,涡喷发动机耗油率较高,经济性较差,尤其在低速条件下更为显著。但随着飞行速度的提高,涡喷发动机的经济性不断提升,因此,涡喷发动机更适合高速飞行器。对于无人机而言,涡喷发动机适用中/大型、中/高空(飞行高度为 3 000 ～ 18 000 m)、亚声速/超声速无人机（Ma=0.7 ～ 2.5）。

2.1.2 涡喷发动机的结构特点

涡喷发动机借助进气道、压气机、燃烧室、涡轮和尾喷管等部件相互配合,连续不断地输出功率和推力。下面首先根据涡喷发动机转子数目,从总体结构角度介绍单转子、双转子发动机的结构特点;其次,按照进气道、压气机、燃烧室、涡轮、尾喷管、加力燃烧室的顺序,依次介绍各部件的功能、工作原理、分类和结构特点等。

1. 总体结构特点

在涡喷发动机中,压气机和涡轮的转子叶片、叶盘,通过一根转轴和连接件等连接在一起,形成一个转子。根据转子数目的多少,涡喷发动机可分为单转子涡喷发动机和双转子涡喷发动机。

（1）单转子涡喷发动机仅有一组压气机和一组涡轮,如图 2-4 所示,这一组压气机和涡轮通过一根轴连接在一起,以相同转速转动。单转子涡喷发动机结构较为简单,早期的涡喷发动机均为单转子结构。

（2）双转子涡喷发动机的压气机可分为低压压气机和高压压气机。涡轮可分为高压涡轮和低压涡轮。如图 2-5 所示,高压压气机和高压涡轮通过一根较粗的空心轴连接;低压压气机和低压涡轮通过一根较细的低压转子轴连接,低压转子轴穿插在高压转子轴中间,低压转子和高压转子以不同的转速旋转。双转子涡喷发动机能够显著提高压气机和涡轮的气动效率,增大发动机的推力,降低发动机的耗油率。

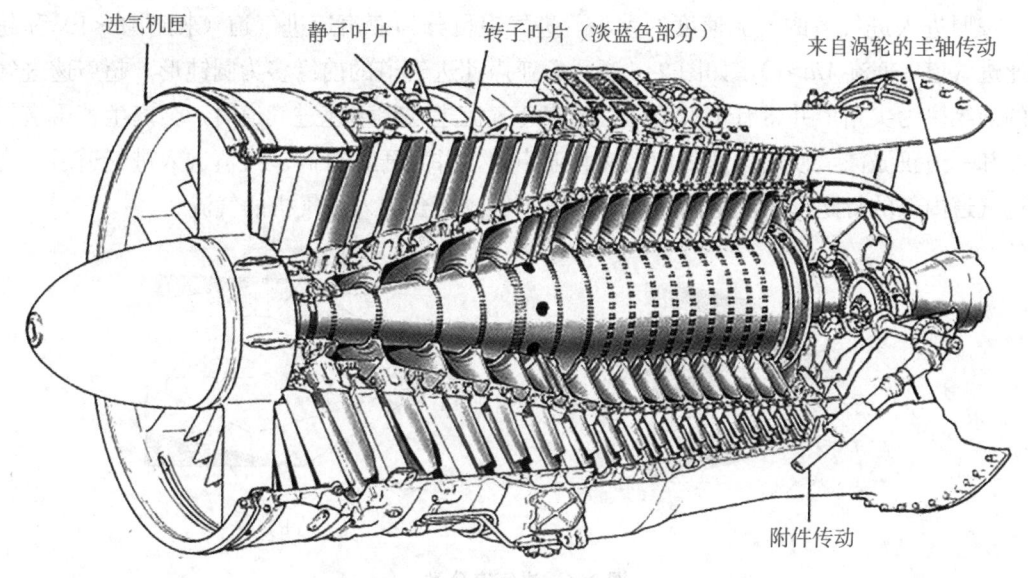

图 2-4 单转子涡喷发动机结构示意

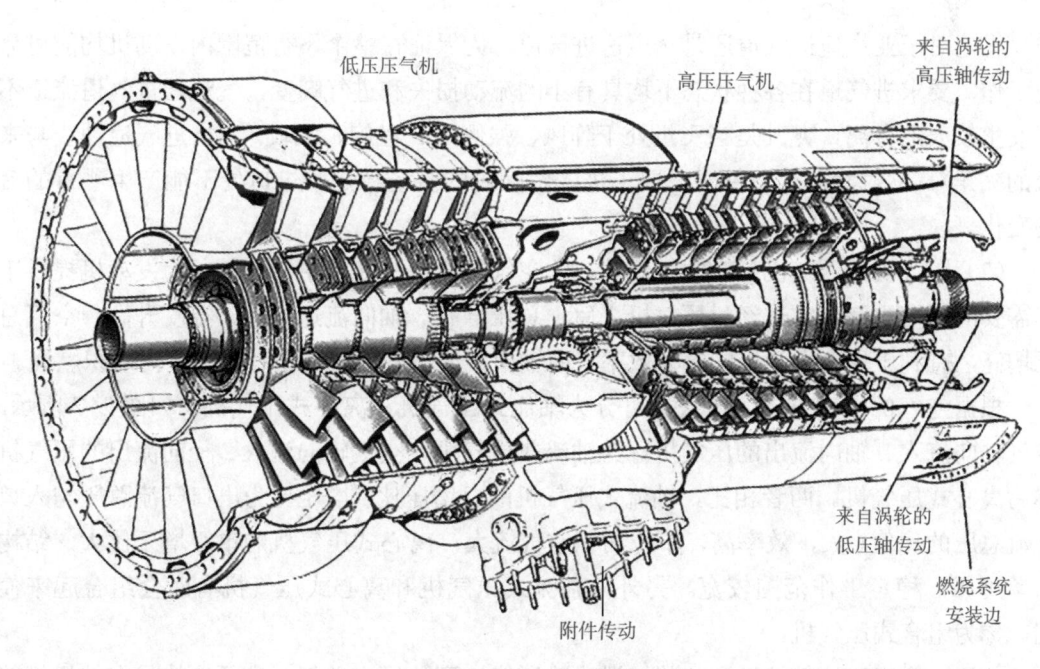

图 2-5 双转子涡喷发动机结构示意

2. 部件结构特点

（1）进气道。进气道的功能是通过对空气减速、增压，为压气机提供均匀的气流。空气作为一种流体，具有一定的黏性，流动时会有内摩擦力产生，空气与进气道的边界也会产生摩擦阻力；另外，进气道的形状、空气流动方向的变化等也会产生一定阻碍作用，空气流经进气道时，为了克服上述摩擦阻力，需要耗散一定的能量。为了尽可能地降低流动损失，进气道结构引起的飞行阻力必须尽可能小。

按照进入进气道的气流速度的大小,进气道可分为亚声速进气道(来流 $Ma<1$)和超声速进气道(来流 $Ma>1$),如图 2-6 所示。亚声速进气道的前缘多为圆钝形,超声速进气道的前缘多为尖角形并带有进气锥体;超声速气流进入超声速进气道时,会产生若干道斜激波和一道正激波,使超声速气流减速为亚声速,并且压力升高。气流进入进气道后,会在进气道内部的特定形状流道内减速、增压,形成适合进入压气机的气流。

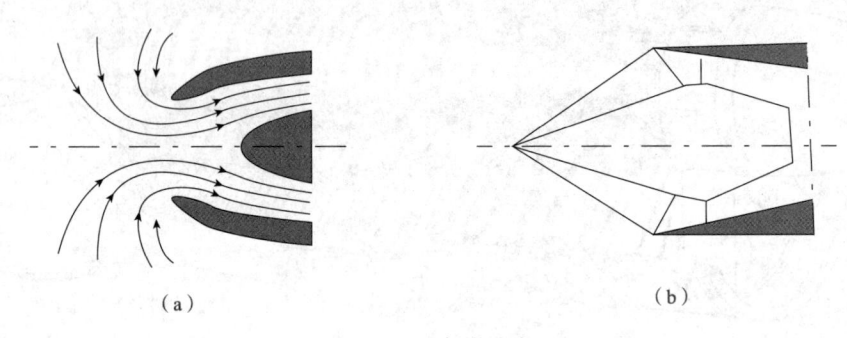

(a)　　　　　　　　　　　　(b)

图 2-6　进气道分类

(a)亚声速进气道;(b)超声速进气道

无论对于亚声速进气道还是超声速进气道,为保证在整个飞行范围内发动机均能可靠地工作,要求进气道在各种状态下均具有小的流动损失和进气畸变,气流与进气道流道不能发生较大的分离,尤其是当飞机处于阵风、强侧风、盘旋、大攻角(指进气道轴线与来流的夹角)、发射武器等条件时,要求进入发动机的流场稳定,进口处不能产生严重的流场变化。

(2)压气机。压气机是对空气做功、向空气传输机械能的主要部件,为发动机提供工作需要的压缩空气。空气经过压气机之后,总压增高、轴向流速下降、温度升高。空气总压增高,有利于提高发动机的整体效率,而轴向流速下降使其易于在燃烧室内组织燃烧。

根据空气的流动方向,压气机可分为轴流式压气机和离心式压气机,如图 2-7 所示,空气轴向流入、轴向流出的压气机称为轴流式压气机,空气轴向流入、径向流出的压气机称为离心式压气机。两者相比,轴流式压气机的总增压比(增压比为出口气流总压与入口气流总压的比值)大,效率高,单位面积空气流大;离心式压气机的单级增压比大,结构简单可靠,稳定工作范围较宽。另外,轴流式压气机和离心式压气机有时会组合起来使用,称为组合式压气机。

总压:假想流体等熵地和绝热地滞止时所能达到的压力总值,表征流体具有的机械能总值。定义如下:

$$P_t = P + P_b$$

式中,P_t 为总压;P 为静压,是流体静止不动时具有的压强;P_b 为动压,是流体因为流动而具有的压强。

压气机主要由压气机转子和压气机静子组成。对于轴流式压气机[图 2-8(a)],压气机转子包括转子叶片(也称为工作叶片)、压气机盘和压气机轴等,转子在发动机工作时高速旋转;压气机静子包括静子叶片、压气机机匣等,静子不旋转。对于轴流式压气机,任一压气机盘与安装在该盘上的所有转子叶片称为一级转子，而与一级转子配合工作的所有静子叶片称为一级静子，压气机转子在前，静子在后，一级转子和一级静子合起来统称为一级。为实现较高的增压比，轴流式压气机通常由若干级串联而成。对于离心式压气机［图 2-8（b）］，转子叶片与压气机盘通常加工为一体使用，静子叶片通常被气流导流装置替代。

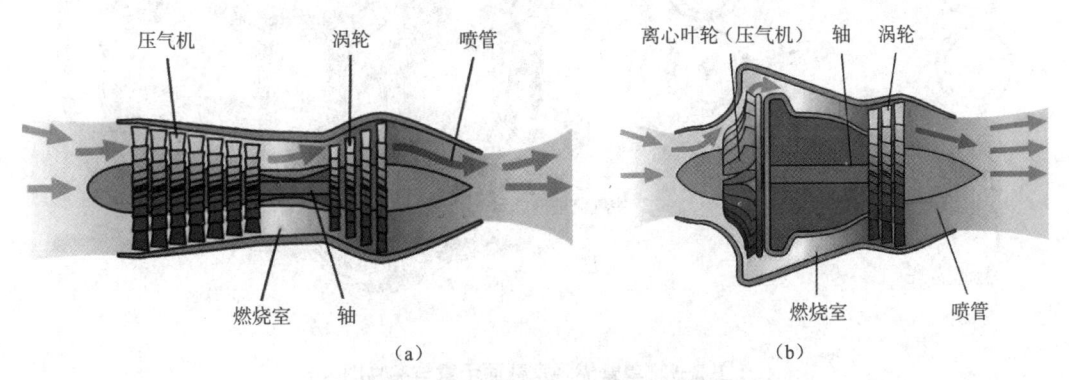

图 2-7 轴流式压气机与离心式压气机对比示意
（a）轴流式压气机；（b）离心式压气机

图 2-8 轴流式压气机与离心式压气机结构对比
（a）轴流式压气机；（b）离心式压气机

（3）燃烧室。燃烧室是供高压空气与燃料混合并燃烧的部件。在燃烧室中，燃料中的化学能经燃烧转换为热能，空气的温度显著提高，流入燃烧室的空气变成高温、高压燃气流出，高温燃气进入涡轮内做功。从整体结构上看，燃烧室有单管燃烧室、环管燃烧室和环形燃烧室 3 种类型。

1）单管燃烧室：每个管式火焰筒外侧都包裹单独的外壳，构成一个单管，各单管之间通过联焰管相连，传播火焰和均衡压力（图 2-9）。

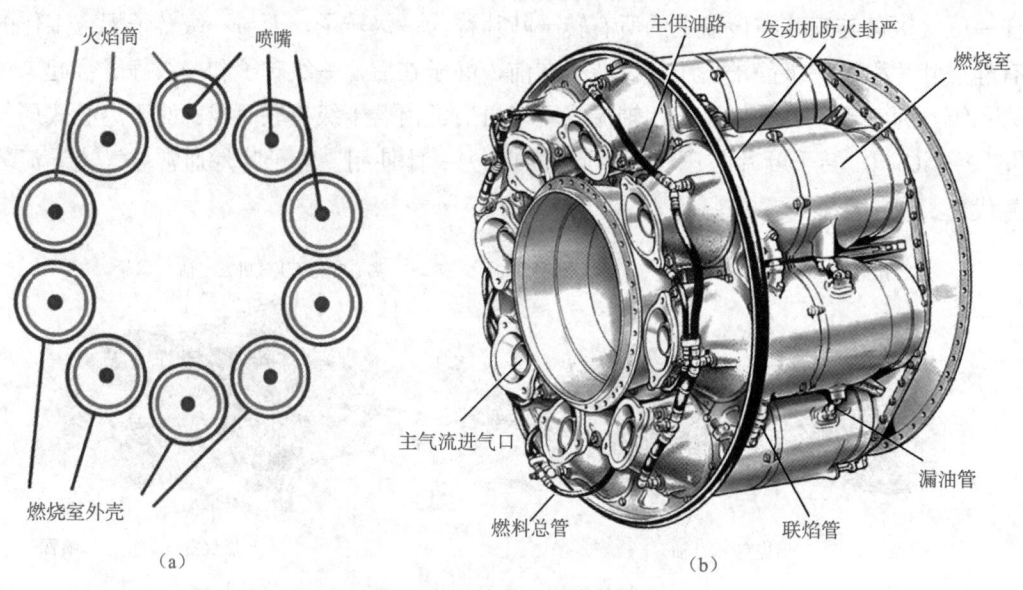

图 2-9 单管燃烧室截面示意与实物图
（a）截面示意；（b）实物图

单管主要由喷嘴、涡流器、火焰筒、联焰管、燃烧室外套等部件组成，如图 2-10（a）所示。燃烧原理如图 2-10（b）所示。来自压气机的空气分为两股，一股空气经过涡流器后形成低速回流区，喷嘴将燃油雾化为微小颗粒，与该股空气掺混形成混合均匀的油气混合物，被点燃后产生稳定的燃烧；另一股空气对火焰筒冷却后经火焰筒上的孔进入火焰筒内形成掺混区，形成高温燃气进入涡轮内做功。

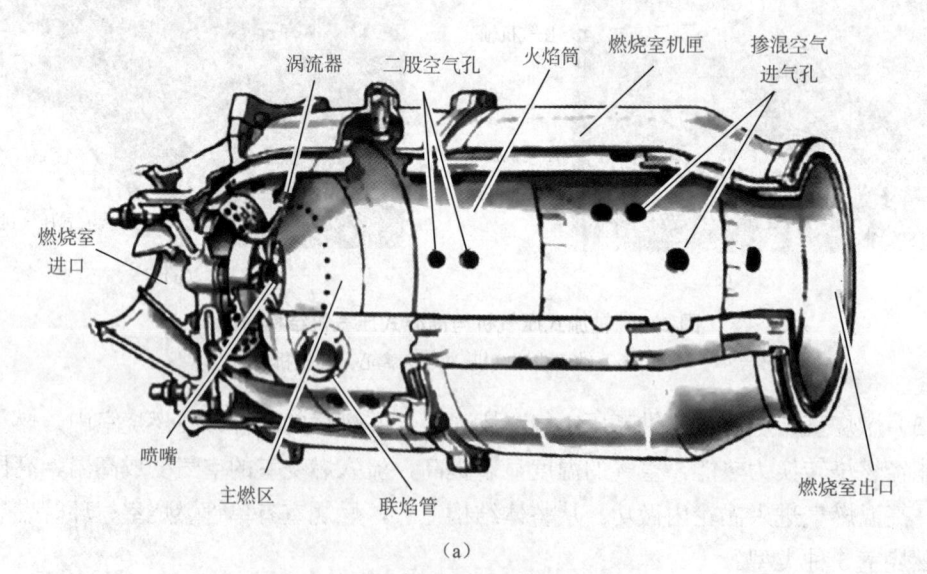

图 2-10 单管结构与燃烧原理示意
（a）单管结构图

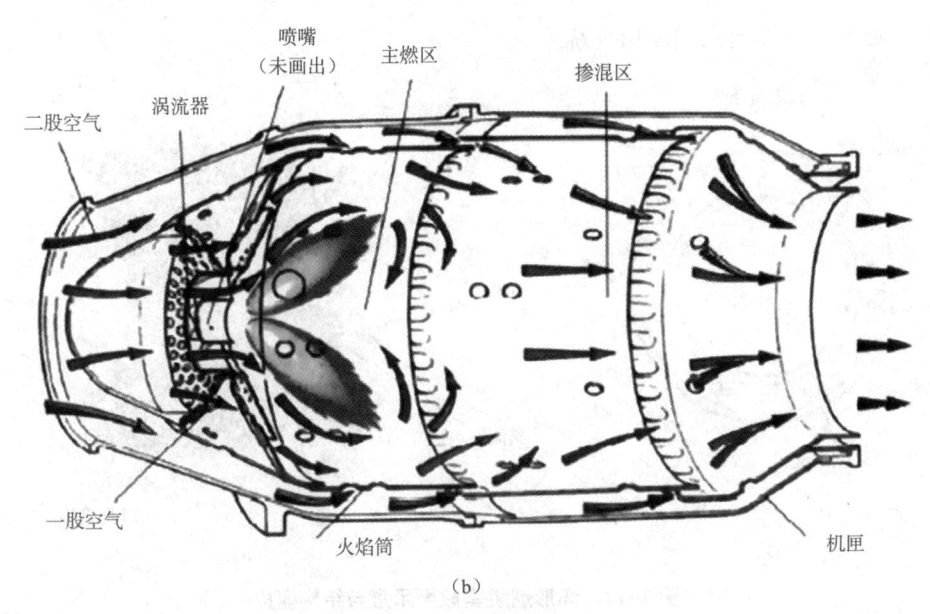

图 2-10 单管结构与燃烧原理示意（续）

(b) 燃烧原理示意

2）环管燃烧室：若干火焰筒沿周向均匀分布，安装在同一个内外壳体间的环腔内，相邻火焰筒之间通过联焰管连接，如图 2-11 所示。当环管燃烧室的某一个火焰筒被点燃时，火焰会通过联焰管传至其他火焰筒导致燃烧。

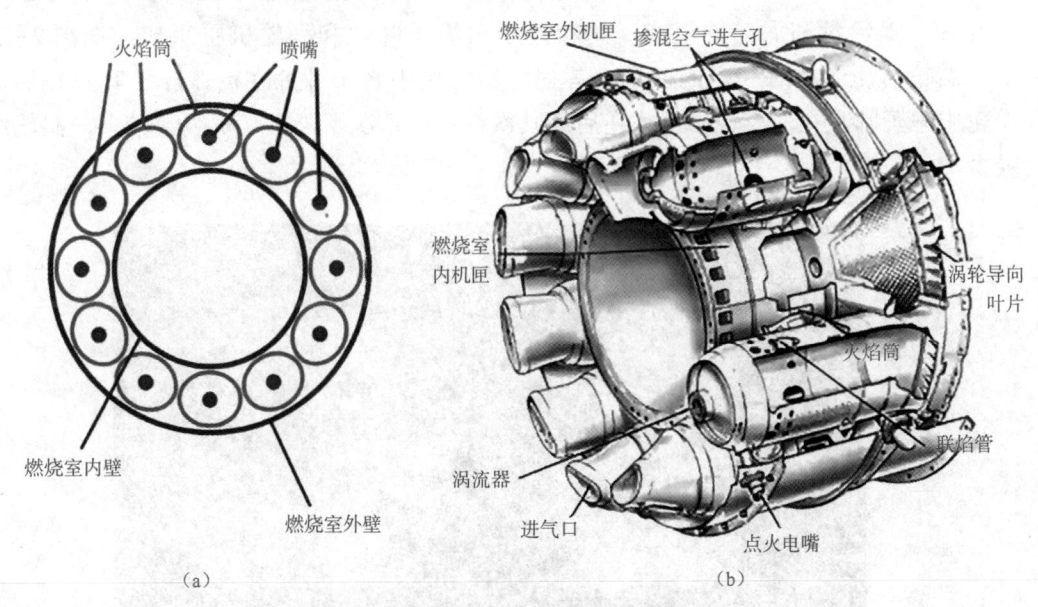

图 2-11 环管燃烧室截面示意与实物

(a) 截面示意；(b) 实物图

3）环形燃烧室：只有一个环形的火焰筒，安装在内外壳体间的环腔内，如图 2-12 所示。与单管燃烧室、环管燃烧室相比，环形燃烧室的出口流场和温度场分布更加均匀，燃烧效率更高，且结构简单、质量小，同时轴向尺寸短，有利于减小发动机的跨度和质量。

目前的涡喷发动机主要采用环形燃烧室。

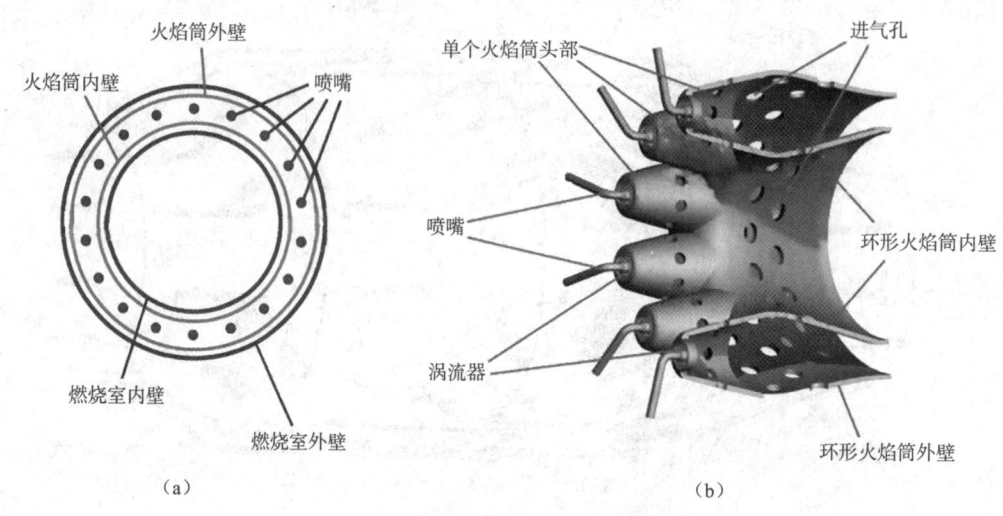

图 2-12 环形燃烧室截面示意与结构模拟
(a) 截面示意；(b) 结构模拟图

（4）涡轮。涡轮的作用是将高温、高压燃气中的部分内能和势能转换成机械能，用于驱动压气机和其他附件。从燃烧室流出的燃气进入涡轮后膨胀做功，驱动涡轮高速旋转，并通过轴驱动前方的压气机，从而实现发动机的连续工作。

涡轮由涡轮转子和涡轮静子组成，一般为一级或多级串联而成。涡轮转子由转子叶片、涡轮盘和涡轮轴组成，涡轮静子由静子叶片和涡轮机匣组成，如图 2-13 所示。涡轮与压气机有一定的区别，首先，压气机中转子叶片在前、静子叶片在后，而涡轮中静子叶片在前、转子叶片在后；其次，一般情况下，压气机级数较多，涡轮级数较少。

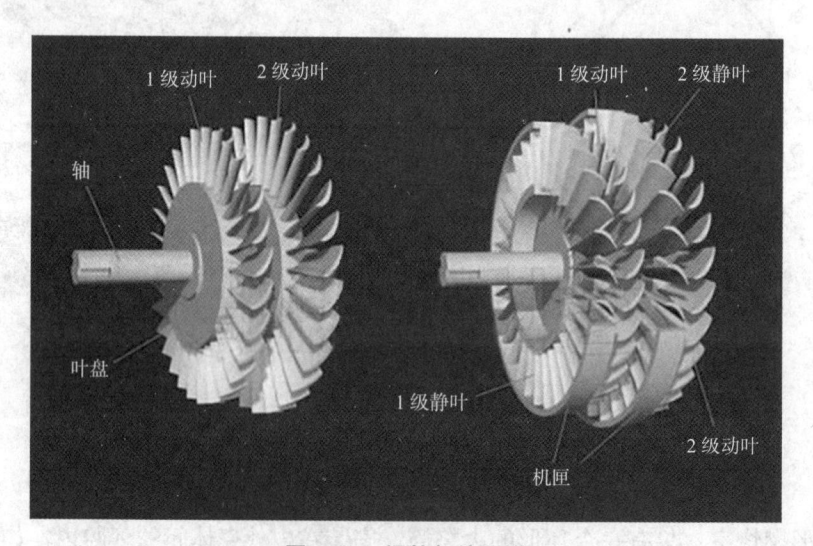

图 2-13 涡轮部件结构

对于涡轮而言，燃烧室流出的燃气温度极高，甚至可能超过转子叶片材料的熔点，为了保证转子叶片的安全工作，通常采取多种措施提高转子叶片的耐高温性能：一方面是在转子叶片中设计冷却通道和冷却气孔，通过从压气机出口引入冷却气流，对转子叶片进行强制冷却，如图 2-14 所示；另一方面是在转子叶片表面制备隔热涂层。一般条件下，会同时采用多种措施，以尽可能地延长转子叶片的工作寿命。

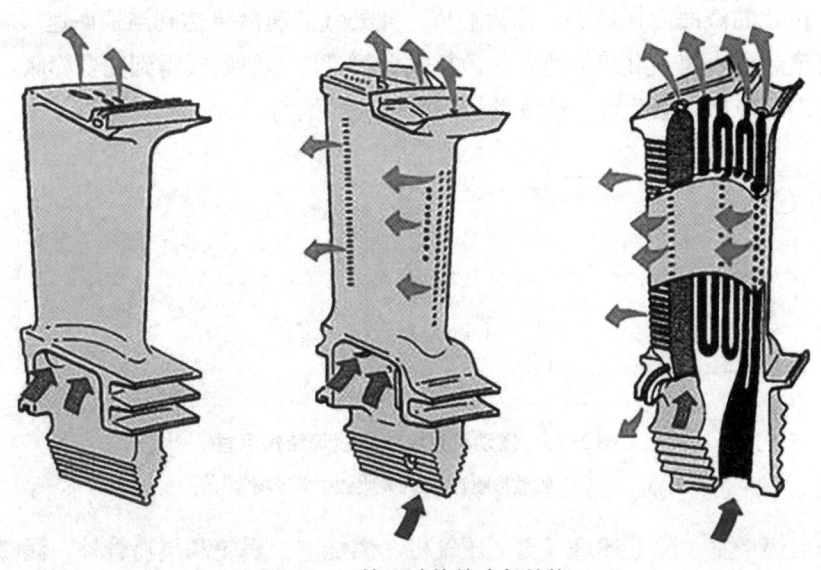

图 2-14 转子叶片的冷却结构

（5）尾喷管。尾喷管又叫作排气喷管，简称喷管，其作用是将涡轮或加力燃烧室排出的空气继续加速膨胀并高速喷出，经过尾喷管排出的空气能达到声速或超过声速，这使发动机能够获得更大的推力。

尾喷管根据燃气排出的方向可分为直流式尾喷管 [图 2-15（a）] 和推力矢量尾喷管 [图 2-15（b）]。直流式尾喷管只能向发动机正后方排出燃气，产生平行于发动机轴线的推力；推力矢量尾喷管可以向不同方向喷出燃气，从而改变发动机推力的方向，使飞行器的机动性增强。

（a）　　　　　　　　　　　　　　　（b）

图 2-15 直流式尾喷管与推力矢量尾喷管
（a）直流式尾喷管；（b）推力矢量尾喷管

直流式尾喷管按流道形式可分为收敛形喷管和收敛扩散形喷管。其中后者又称为拉瓦尔喷管。收敛形喷管是流道面积逐渐减小的尾喷管,如图 2-16(a)所示。燃气在收敛形喷管中膨胀加速,出口空气的最大速度能够达到当地声速($Ma=1$);但燃气在这种喷管中不能得到完全膨胀,出口处的气流速度最大仅能达到当地声速,不能实现超声速。收敛扩散形喷管的流道面积先减小再扩大,如图 2-16(b)所示。在收敛扩散形喷管中,收敛形转为扩散形位置的截面面积最小,称为喉道,此处气流速度可达到当地声速($Ma=1$),在后续扩张管道超过声速,继续加速。收敛扩散形喷管能够使燃气得到完全膨胀,出口处的气流能够实现超声速,因此可以使发动机产生更大的推力。

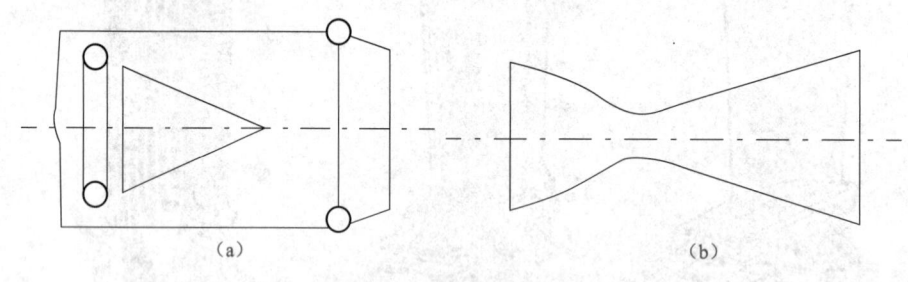

图 2-16 发动机直流式尾喷管结构示意

(a)收敛形喷管; (b)收敛扩散形喷管

(6)加力燃烧室。除上述进气道、压气机、燃烧室、涡轮和尾喷管外,涡喷发动机为了增加推力,还可以在涡轮和尾喷管之间布置加力燃烧室。由于从涡轮中流出的高温燃气中仍含有大量氧气,在涡轮后的气流中再次喷油燃烧,使排出的空气温度大幅度升高,可以获得额外推力。

加力燃烧室主要包括喷嘴、火焰稳定器、点火器、防振隔热屏和筒体等,如图 2-17 所示。其中,喷嘴用于喷入燃料。火焰稳定器用于在高速气流中产生稳定回流区,决定了能否成功点火,以及火焰能否稳定燃烧而不被吹熄。图 2-18 所示为沙丘驻涡火焰稳定器,其具有阻力小、稳定性好等优点,应用于多种型号涡喷发动机中。防振隔热屏用于防止点火燃烧时产生振荡燃烧,同时起到隔热作用。

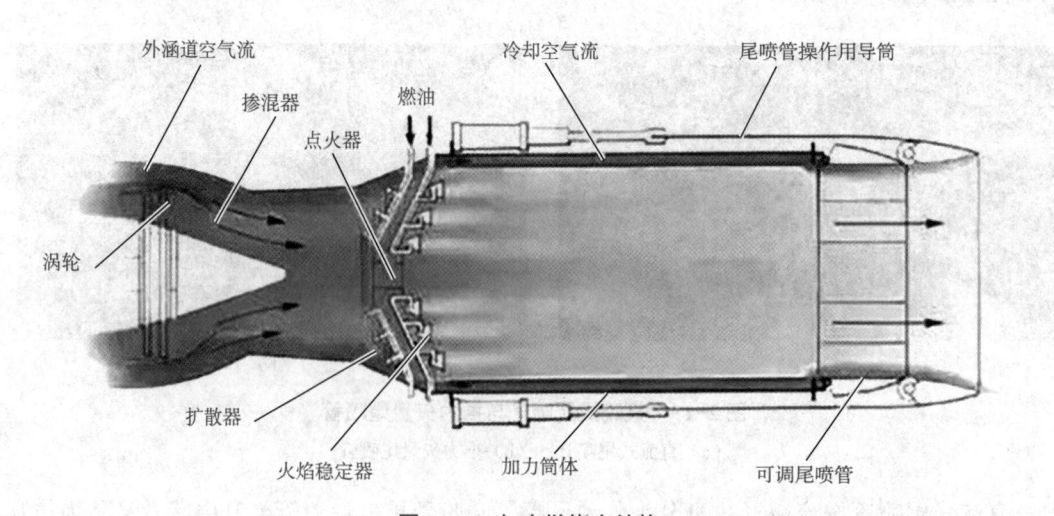

图 2-17 加力燃烧室结构

图 2-18　沙丘驻涡火焰稳定器

带有加力燃烧室的发动机在开加力时，可短时间内获得大推力，开加力时的推力可以达到原推力的 1.4～1.7 倍。但是，因为从涡轮排出的高温燃气压力已经大幅下降，所以加力燃烧室的燃烧环境为低压燃烧环境，燃烧效率低，会造成发动机耗油率大幅度增加，经济性急剧下降。

涡喷发动机
工作原理及构成

2.2　涡桨发动机

2.2.1　涡桨发动机的工作原理

涡桨发动机结构示意如图 2-19 所示。与涡喷发动机相比，除进气道、压气机、燃烧室、涡轮、转子轴和尾喷管外，涡桨发动机在进气道前还布置减速齿轮和螺旋桨。其中，螺旋桨由涡轮驱动。由于涡轮转速较高，而螺旋桨直径较大、转速有限，涡桨发动机需配备减速器，以便将涡轮的转速降低到螺旋桨工作所用的转速，同时获得较大的扭矩。

涡桨发动机在工作过程中，燃气膨胀做功的绝大部分可用能量由涡轮吸收并从动力输出轴上输出，用以驱动螺旋桨，螺旋桨高速旋转驱动气流产生推力。在涡桨发动机中大约有 95% 的推力产生于螺旋桨驱动的空气；而自尾喷管排出的空气，由于温度和速度极低，所产生的推力一般比较小，仅占总推力的 5% 左右。

41

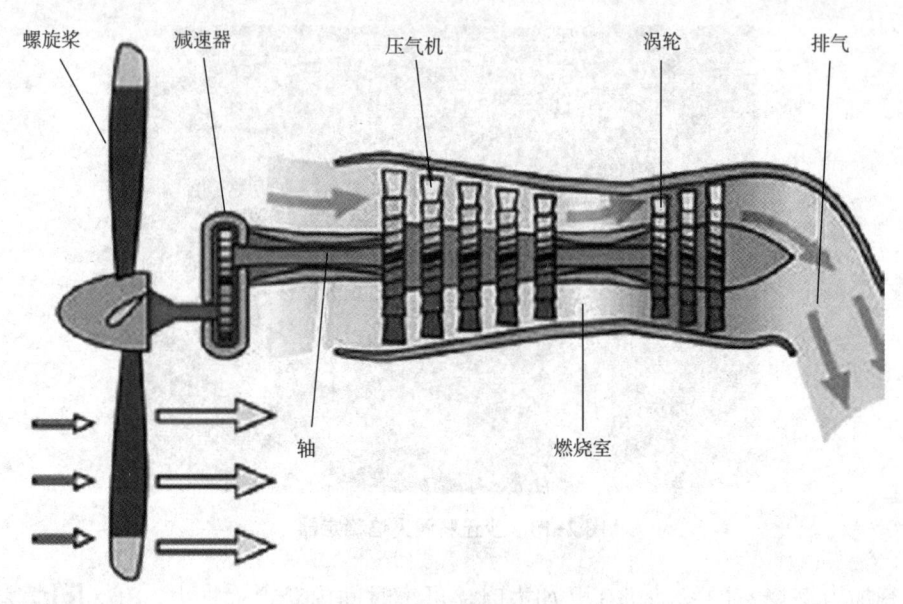

图 2-19 涡桨发动机结构示意

因为绝大部分能量被涡轮"收集",发动机排出的能量大大降低,所以涡桨发动机的经济性好、耗油率低,适合作为长时间、远距离的飞行器动力装置。但是,涡桨发动机由于使用螺旋桨作为推进器,难以突破声速,仅适合低速亚声飞行。目前,涡桨发动机主要用于远程(>1 000 km)、中/长航时(>10 h)、亚声速(Ma<1)无人机。

2.2.2 涡桨发动机的结构特点

涡桨发动机的进气道、压气机、燃烧室、涡轮等部件的工作原理及作用与涡喷发动机完全相同,本节主要介绍螺旋桨与减速器。

1. 螺旋桨

螺旋桨是指靠桨叶在空气中旋转,将发动机转动功率转化为推进力的装置。螺旋桨主要由桨毂和桨叶组成,如图 2-20 所示。螺旋桨由两个或较多的桨叶与桨毂相连,桨叶的向后一面为螺旋面或近似于螺旋面,桨毂与涡桨发动机的动力输出轴相连。

假设螺旋桨在一种不能流动的介质中旋转,那么螺旋桨每转一圈,就会向前进一个距离,同一片桨叶旋转一圈所形成的螺旋距离,称为桨距。根据桨距的变化情况,螺旋桨一般可分为定距螺旋桨和变距螺旋桨,如图 2-21 所示。定距螺旋桨结构简单、质量小,由于其桨叶安装角是固定的,适合低速飞行的桨叶安装角在高速飞行时显得过小,适合高速飞行的桨叶安装角在低速飞行时显得过大。定距螺旋桨只能在设计飞行速度范围内保持较高的推进效率,而其他状态下推进效率则较低。变距螺旋桨的桨叶安装角可以调节角度,可根据飞行速度的变化调节桨叶安装角,使螺旋桨在不同飞行速度下都具有较高的推进效率。变距螺旋桨的变距机构可由液压或电力驱动。

图 2-20 螺旋桨结构

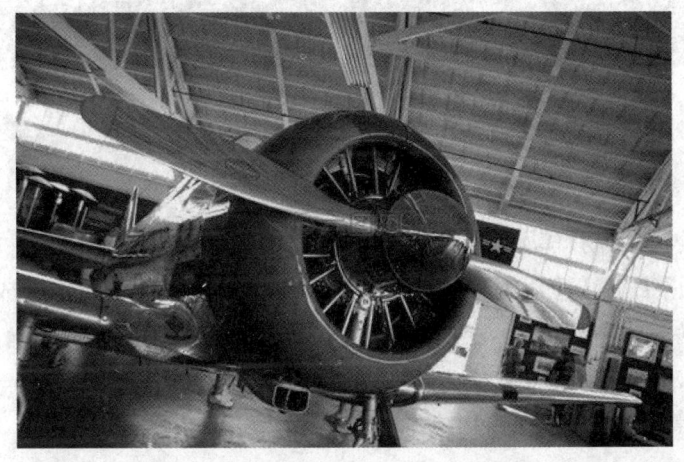

(a)

(b)

图 2-21 不同类型的螺旋桨
(a) 定距螺旋桨；(b) 变距螺旋桨

另外，涡桨发动机中还有一类独特的螺旋桨——对转式螺旋桨，如图2-22所示。这种螺旋桨与普通的螺旋桨最大的不同在于：其单个发动机上有两组并列转动的螺旋桨，这两组螺旋桨转动的角速度方向相反，连接在同一台发动机上并利用行星齿轮组实现反转，可将涡流引起的能量损失降到最低，获得更高的推进效率。

图2-22 对转式螺旋桨

2. 减速器

减速器用于连接发动机动力输出轴与推进装置，使发动机动力输出轴的转速降至减速齿轮组推进装置所需的转速。涡桨发动机的减速器主要由减速齿轮组组成，如图2-23所示。与地面减速齿轮结构相比，涡桨发动机中的减速结构更紧凑。为了确保传动平稳，轮齿一般采用斜齿、人字齿或螺旋齿。此外，由于在高负荷、高转速下工作，轮齿摩擦会产生大量的热量，需要喷入大量的润滑油以带走摩擦产生的热量。

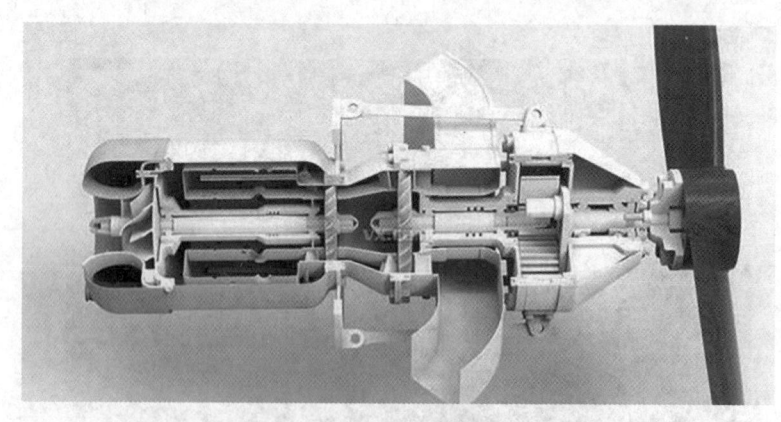

图2-23 涡桨发动机中的减速齿轮组

涡桨发动机的减速器具有较大的传动比，一般为10～16；此外，减速齿轮在设计和制造上都做到了精益求精，传动效率可高达98%～99%。但由于尺寸与质量的限制，航空发动机减速器的强度储备和安全系数一般均低于地面减速器，而为了保证工作的可靠性，它们规定的使用寿命显著低于地面减速器。

2.3　涡轴发动机

2.3.1　涡轴发动机的工作原理

涡轴发动机是在涡喷发动机上加装旋翼发展而来，广泛应用于垂直起降飞行器。其结构组成如图 2-24 所示。其结构与涡桨发动机相似，区别在于涡轮输出的功率，经减速器驱动旋翼，而不是螺旋桨。

图 2-24　涡轴发动机结构示意

在涡轴发动机的工作过程中，燃烧室喷出的高温燃气进入涡轮做功，驱动涡轮高速旋转，涡轮通过涡轮轴等结构驱动减速器，减速器将转速降至旋翼正常工作范围并产生巨大扭矩，驱动旋翼旋转直接产生升力。对于某些涡轴发动机而言，其涡轮的功率不能向前输出，而是直接向后输出，如图 2-25 所示，这种涡轴发动机的结构相对简单。

图 2-25　向后输出功率的涡轴发动机实物图

涡轴发动机的主要特点是通过驱动旋翼产生升力，可以实现飞行器的垂直起降。此外，燃气燃烧产生的能量几乎全部被涡轮"收集"，转化为机械功由涡轮轴输出，通过减速器后产生大扭矩驱动旋翼和尾桨；从涡轴发动机尾喷管排出的燃气，温度和速度都很低。因此，涡轴发动机的尾喷管长度很短，排出的燃气基本不产生推力。目前，涡轴发动机已成为大、中型直升机的主要动力装置，同时用于中型、中程、低/中空、低速无人直升机。

2.3.2 涡轴发动机的结构特点

涡轴发动机的进气道、压气机、燃烧室、涡轮等部件与涡喷发动机相同。其中，压气机经常会使用离心式压气机或离心、轴流组合式压气机；燃烧室除轴流式燃烧室外，也采用回流式燃烧室或折流式燃烧室，这两种燃烧室在结构上可与离心式压气机较好地配合。本节重点介绍上述两种燃烧室的结构特点。

（1）回流式燃烧室。如图 2-26 所示，火焰筒的头部置于燃烧室后端，从压气机出来的空气首先向后流动，由后端进入燃烧室头部；其次喷入燃油后点火燃烧；最后高温燃气流到燃烧室头部随即向内、向后折转 180° 流出，流入涡轮后排出。MTR390、T800 涡轴发动机均采用回流式燃烧室。

图 2-26 回流式燃烧室

（2）折流式燃烧室。如图 2-27 所示，由离心式压气机流入燃烧室的空气分为两路。第一路空气向内折流，与甩油盘甩来的燃油相互混合、燃烧，形成主燃区；第二路空气沿火焰筒和机匣之间的环形通道向后流，又分成两股：一股向内流过涡轮导向器叶片的空心内腔后折向前，由火焰筒内壳体上的孔进入火焰筒内部，也与甩油盘甩出的燃油混合燃烧；另一股则由掺混孔进入，与燃烧的燃气掺混，降低燃气温度。这种燃烧室能与甩油盘喷嘴很好地配合，甩油盘在离心力的作用下将燃油雾化，在大范围工况下（高空中）均能保证发动机可靠地工作,其加工要求低,质量小。法国 Turbomeca Firm 研制的涡轴发动机广泛采用这种燃烧室。

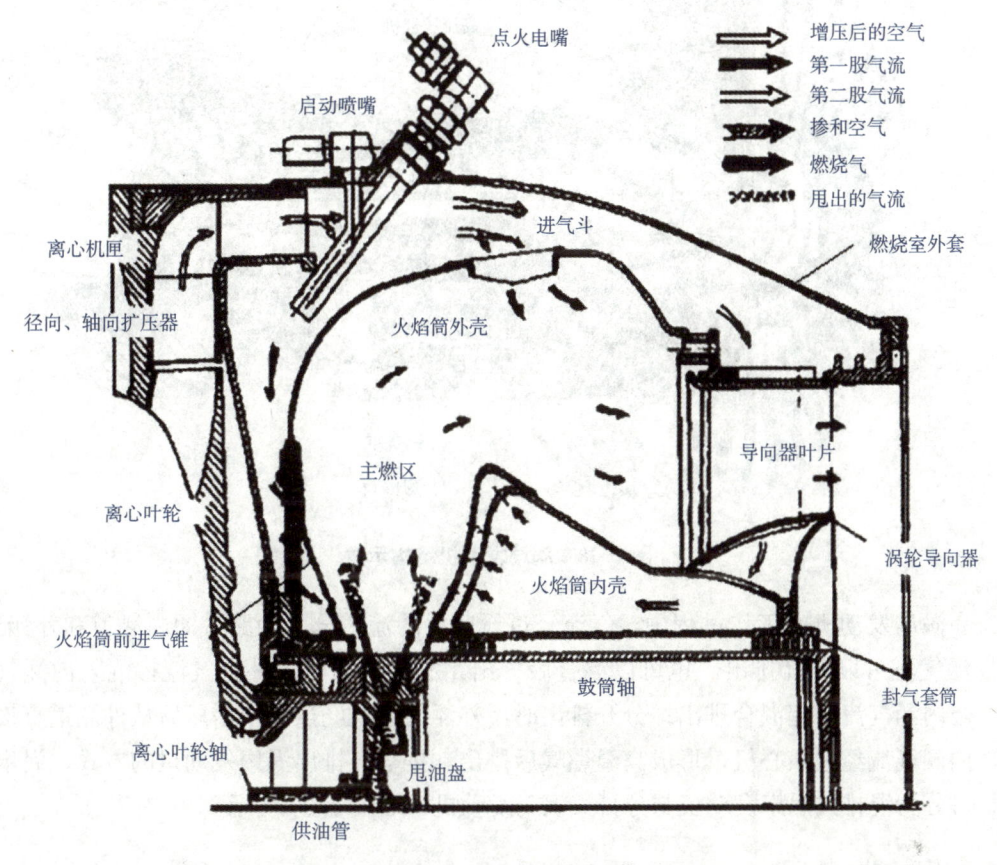

图 2-27 折流式燃烧室

2.4 涡扇发动机

2.4.1 涡扇发动机的工作原理

涡扇发动机结构示意如图 2-28 所示。其显著的特征是在压气机前布置了一级或几级直径较大的风扇,风扇实质上是直径较大的压气机。涡扇发动机一般采用双转子或三转子结构,低压涡轮通过低压转子轴驱动风扇。

47

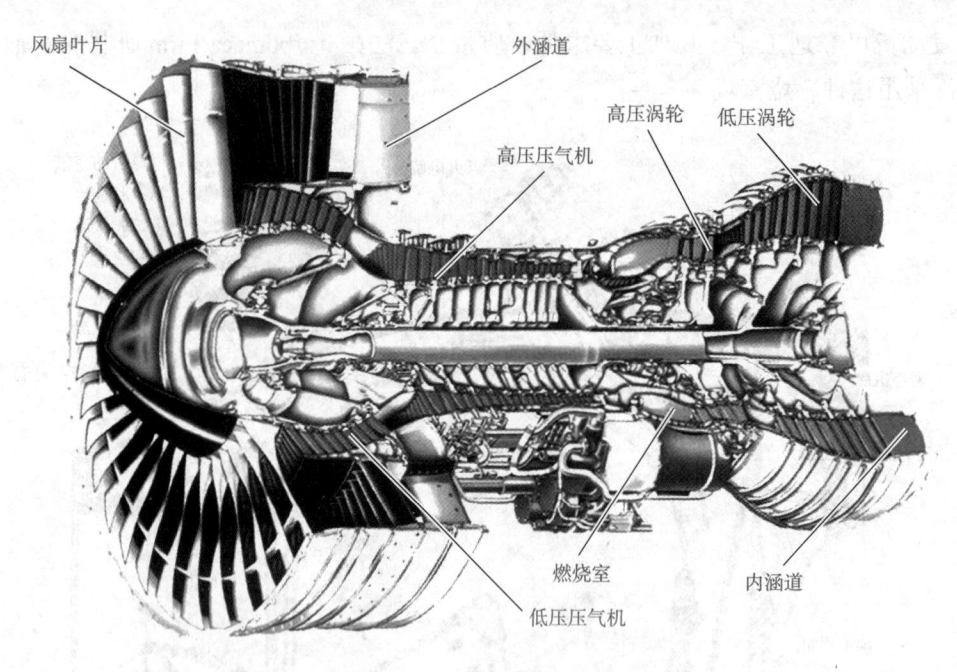

图 2-28 涡扇发动机结构示意

在涡扇发动机的工作过程中，气流经过风扇后的流道分为两路，即内涵道和外涵道。内外涵气流可以分开排出，也可以混合后排出。混合排出时，外涵气流掺混入内涵气流中，与内涵气流一起混合排出；分开排出时，外涵气流仅经过风扇增压后从外涵道直接排出，内涵气流经过核心机，形成高温燃气后排出。按空气排出涡扇发动机的方式，涡扇发动机可分为混排式涡扇发动机与分排式涡扇发动机，如图 2-29 所示。

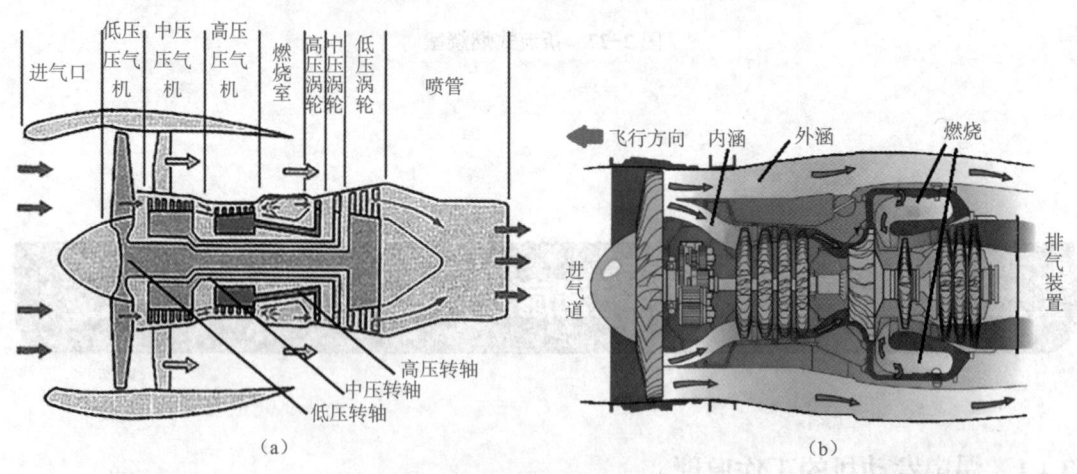

图 2-29 涡扇发动机排气方式
（a）分开排气；（b）混合排气

涵道比是内外涵气流质量流量的比值，是影响涡扇发动机性能的关键参数，通常将涵道比小于 3 的涡扇发动机称为小涵道比涡扇发动机，大于 5 的涡扇发动机称为大涵道比涡扇发动机。一般来说，涡扇发动机的涵道比越大，其耗油率越低，但迎风面积越大，阻力

48

越大，不适合高速飞行。因此，为追求大推力、低耗油率，同时兼顾高机动性与高飞行速度，小涵道比涡扇发动机通常用于军用飞机、运输机、无人机等；大涵道比涡扇发动机由于其推力大、油耗低，通常作为亚声速（$Ma<1$）民用客机、运输机、中 / 长航时无人机（飞行时间 >10 h）的动力装置。

涵道比的计算公式如下：

$$B=\frac{W_{out}}{W_{in}}$$

式中，B 为涵道比；W_{out} 为流经外涵道的空气质量流量；W_{in} 为流经内涵道的空气质量流量。

图 2-30 所示为大涵道比涡扇发动机与小涵道比涡扇发动机。

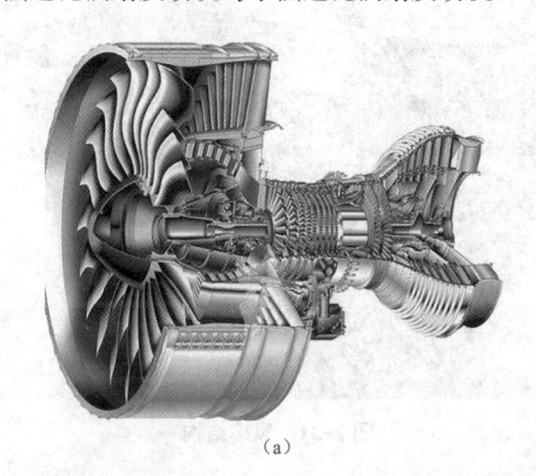

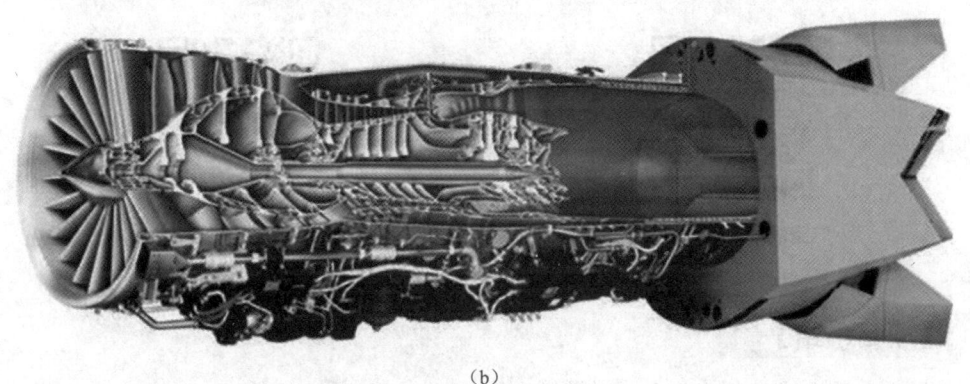

图 2-30 不同涵道比的涡扇发动机
（a）大涵道比涡扇发动机；（b）小涵道比涡扇发动机

2.4.2 涡扇发动机的结构特点

涡扇发动机采用双转子或三转子结构，形成高 - 低压转子或高 - 中 - 低压转子。与双转子涡喷发动机相比，涡扇发动机除具有进气道、低 - 高压压气机、燃烧室、高 - 低压涡轮、尾喷管外，还具有风扇，以及气流通道（分为内外涵道）。这里主要介绍风扇结构。

从本质上来说，风扇是叶片直径较大的轴流式压气机，因其直径较大，独立于压气机,故称为风扇。风扇叶片与压气机转子叶片功能相同,其作用是对流经的气流做功,减速增压。风扇主要由转子叶片、静子叶片、叶盘、风扇机匣等组成,如图2-31所示。风扇叶片固定在风扇盘上,风扇盘通常与低压转子相连。值得注意的是,风扇的直径通常较大,尤其对于大涵道比涡扇发动机,风扇直径可达3 m以上。由于直径较大,风扇在高速旋转时易发生振动甚至可能断裂失效。风扇在工作过程中需要确保有较高的增压比和效率,且风扇机匣需具有良好的包容性,确保在风扇断裂的情况下不会飞出机匣造成额外损伤,因此,风扇机匣的设计是发动机设计过程中的重要环节。

图2-31 风扇结构

航空涡喷发动机类别　　　　直升机涡轮轴发动机

【项目小结】

本项目主要讲述了航空燃气涡轮发动机的相关知识。

涡喷发动机是一种通过喷出高速燃气获得推力的动力装置,主要由进气道、压缩室、燃烧室、加力燃烧室、涡轮、尾喷管、附件传动系统和附件系统组成。其中,压气机、燃烧室和涡轮所组成的装置又被称为核心机。在涡喷发动机的基础上,衍生出了涡轴发动机、涡桨发动机、涡扇发动机,它们各自具有自己的特点和应用机型。

与涡喷发动机相比,涡桨发动机在进气道前还布置减速齿轮和螺旋桨。其中,螺旋桨由涡轮驱动。由于涡轮转速较高,而螺旋桨直径较大、转速有限,涡桨发动机需配备减速器,以便将涡轮的转速降低到螺旋桨工作所用的转速,同时获得较大的扭矩。

涡轴发动机是在涡喷发动机上加装旋翼发展而来的，广泛应用于垂直起降飞行器。其结构与涡桨发动机相似，区别在于涡轮输出的功率经减速器驱动旋翼，而不是螺旋桨。

涡扇发动机最显著的特征是在压气机前布置了一级或几级直径较大的风扇，风扇实质上是直径较大的压气机。涡扇发动机一般采用双转子或三转子结构，低压涡轮通过低压转子轴驱动风扇。

涡喷发动机耗油率较高，直接向后喷出高速气流产生推力，高空、高速性能好，适用于高空、高速无人机、靶机和导弹发动机；涡桨发动机通过涡轮带动螺旋桨产生推力，经济性好、耗油率低，适合作为长航时、远距离的无人侦察机的动力装置；涡轴发动机通过涡轮带动旋翼直接产生升力，适用于垂直起降的无人机；涡扇发动机的推力大、耗油率低，适用于起飞质量大、长航时、飞行速度较高的无人机。

【巩固提高】

1. 涡喷发动机的工作原理是什么？
2. 涡喷发动机主要由哪些部件组成？这些部件各自有什么作用？
3. 涡喷发动机、涡桨发动机、涡轴发动机、涡扇发动机各有什么结构特点？

相关知识可参考如下视频资料。

| 涡轮风扇发动机工作原理 | 涡轮螺旋桨发动机 | （冲压发动机）黑鸟 SR-71 发动机 | 喷气式动机的工作原理 |

【实训 2】

玄云涡喷发动机的调试

■ 任务描述

涡喷发动机是大型或高级军用无人机上使用较为普遍的动力。本实训通过学习玄云 SW6 涡喷发动机（图 2-32）的使用注意事项与调试，使学生初步了解涡喷发动机的使用与调试。

■ 任务目标

通过实训了解涡喷发动机的结构及组成，了解涡喷发动机的拆装，掌握涡喷发动机的启动流程，具备基本的涡喷发动机测试能力，能够利用测试工具进行常见故障的分析与排除。

■ 任务实施

一、涡喷发动机试车前准备

1. 安全注意事项

涡喷发动机在极高的旋转速度下工作，发动机运转时，一定要保持安全距离，涡喷发动机前方保持 3 m 距离，左右侧保持 5 m 距离，后方保持 10 m 距离（图 2-33）。

图 2-32　玄云 SW6 涡喷发动机

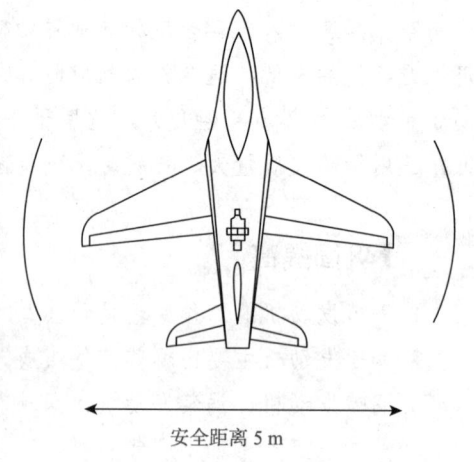

图 2-33　安全距离示意

2. 准备灭火器与耳罩

随时准备灭火器，必须使用二氧化碳灭火器，并使用耳罩阻隔巨大的声压，防止听力受损。严禁使用干粉灭火器，干粉若喷入发动机内，会造成轴承严重磨损。

3. 使用专用润滑油

使用的燃料煤油或柴油内，必须兑入 5% 的涡喷专用润滑油。

4. 其他注意事项

当涡喷发动机运转时，进气口的吸气犹如真空状态，绝对不能把手靠近发动机的进气道附近，进气道周围保持净空，电线妥善固定，并装上防护网。涡喷发动机吸入异物会造成严重损坏。

涡喷发动机工作时会产生大量高温热气，排气温度可高达 650 ℃，注意周围做好隔热与防温措施。绝对禁止在室内启动，因为涡喷发动机会消耗大量氧气，造成人员窒息，排出的热气与强大气流有引燃干燥易燃物、吹散杂物危险。

涡喷飞机飞行速度快，需注意空域与地面安全情况。涡喷飞机的飞行速度与相同推力的涵道飞机相比，飞行速度要快很多，由于涡喷的喷气速度大幅度超过涵道，涡喷飞机能够轻松达到 300 km/h 的速度，安装的飞机必须注意舵面的可靠性，严禁俯冲加速造成飞机解体，在空域宽广视野良好下才能飞行，飞机应该加装减速刹车设备。美国管理协会将航模的最高速度限制为 320 km/h。

二、涡喷发动机的安装与启动

1. 启动前检查事项

（1）接收机电池充电；

（2）检查周围环境；

（3）准备灭火设备；

（4）检查油管与油滤，油管内部保持清洁，无折压；

（5）检查油箱；

（6）对油箱加油，煤油与柴油黏度高，应该慢速加油，防止加油过程压力过大挤爆油箱；

（7）妥善固定涡喷油泵，油泵工作时会产生力矩抖动，造成油管折压；

（8）加油时观察涡喷电磁阀是否处于关闭状态，有时会因杂质卡住电磁阀而造成闭锁不紧，使加油时燃料进入发动机内；

（9）打开接收机电源，连接动力电源；

（10）操作涡喷发动机时，进气口对准迎风方向；

（11）检查刹车；

（12）最后启动涡喷发动机。

2. 涡喷关车操作

（1）将涡喷发动机进气口对准迎风方向；

（2）涡喷发动机完全冷却后关闭接收机电源；

（3）如果关车熄火后，发动机未进入自动冷却程序，应立即采用手动冷却；

（4）收藏飞机时应该把油箱内的燃料抽干。

3. 燃料系统

涡喷发动机的燃料油管分成两部分，油泵之前属于低压区，油泵之后属于高压区。低压区应使用内径大于 2.5 mm 的软质油管，高压区必须使用外径 4 mm、内径 2.5 mm 的硬质油管。油泵的安装位置应尽量缩短低压区油管长度，所有的油管必须紧密连接，使用环形扣环或细铁丝固定，油管接口必须防止进入气泡或漏油，不建议使用扎线带固定油管接口。油箱内油管应柔软，并使用大型加重重锤，整个油路系统内径不得小于 2.5 mm。使用硬管部分连接至快速 4 mm 接头时，油管表面应抹上润滑油再插上快速接头，防止刮伤快速接头。内部的油封，拆除油管时，应压下快速插头的释放压片才能拔出。发动机与油泵拆卸运输或收藏时，接头外部应保留小段油管，并使用打火机将油管加热软化后夹扁密封，防止灰尘进入。油泵内部为非常精密的齿轮，一个细小的棉絮进入油泵齿轮，都会造成工作不稳定，是造成发动机熄火的最大隐患，必须认真对待防尘问题。应使用金属材料的油堵，不能使用螺栓当油堵，不能使用硅胶材质的油堵、连接器、油管，最好使用抗汽油的透明油管。油泵之前必须有可靠的过滤器，如使用带有过滤效果的防气泡油箱，防止杂质进入油泵卡住齿轮。

必须使用大流量油滤，并经常检查清洗，不建议使用铜烧结滤芯及平面网状滤芯，必须使用立体网状结构的大流量油滤。

确定油管连接可靠性的方法：将涡喷发动机启动之后，以大油门运转，观察油管中是否存在气泡流动，气泡是导致发动机熄火的主因，必须特别注意。对油箱加油时，应使用低电压对加油泵供电，缓慢加油，煤油与柴油的黏度大，过快的加油速度会对油箱施加很大的压力，引起油箱爆开，并且会将压力挤入电磁阀造成发动机内部积油，启动时引起喷大火现象，必须在油泵后与发动机之间加装球阀，防止燃料流进发动机内。加油泵出口应加装油滤，防止杂质进入飞机油箱内，注意保持加油嘴清洁无尘。

4. 防气泡油箱（UAT）

使用涡喷发动机时必须搭配防气泡油箱（图 2-34），防止气泡进入发动机引起熄火。防气泡油箱置于主油箱与油泵之间。对防气泡油箱进行加油时，应将其内部空气排除。

图 2-34 防气泡油箱

5. 油泵与系统调试

燃料油管系统连接完毕之后，应进行油泵测试。测试时，应拔下连接至发动机的硬质油管，再通过 ECU Info 菜单进行油泵测试，油泵不能空油空转，燃料进入油泵之后观察油路的气泡与漏油现象。在涡喷发动机油管未拔除的情况下，严禁对发动机内部注入燃料，由于发动机内部积油，启动时将会造成严重的喷火，非常危险。新装机必须严格清洁油路系统，防止油管或油箱内部的灰尘杂质进入油泵。新机完成后，必须在地面试运转，确认油路系统的可靠性。

6. 油箱系统连接图

油箱系统连接图如图 2-35 所示。

7. 安装发动机

发动机由两片不锈钢固定环固定，必须锁紧，依照加热火头与温感器在涡喷发动机内部的相对位置要求，涡喷发动机上油管的接头必须朝上安装，角度偏差在 ±45° 之内，如果经常启动困难，可改变安装角度。部分机种进气道处于飞机底部，如 F16、客机等，容易吸入异物，涡喷发动机进气口必须加装防护网。

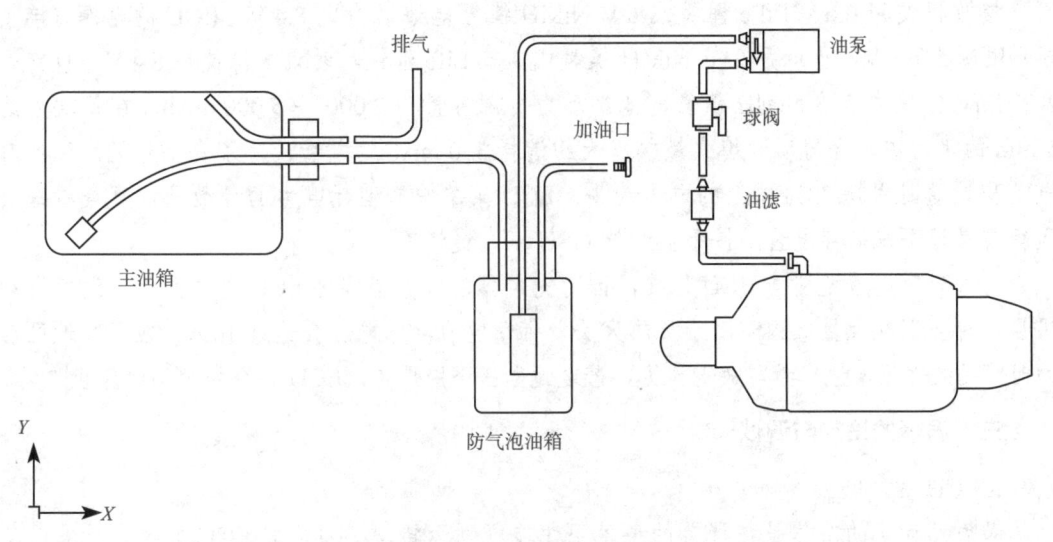

图 2-35 油箱系统连接图

8. 安装连接线到 ECU

涡喷发动机的本体上有两条接线，绿色插头的粗线为加热火头与带动电机，为避免飞行中脱落，连接后可使用少量热熔胶轻涂插头表面固定。细线为转速、温度、电磁阀控制线。两条线皆连接至 ECU 本体上（图 2-36）。ECU 工作的供电来自油门线，电力取于接收机，油门线连接至 ECU 上 Throttleinput 位置。涡喷发动机本体使用的电力来自动力电源，ECU 无极性保护设计，极性错误会导致 ECU 烧毁。油泵、电磁阀、加热火头、电机等全部使用动力电源供电。

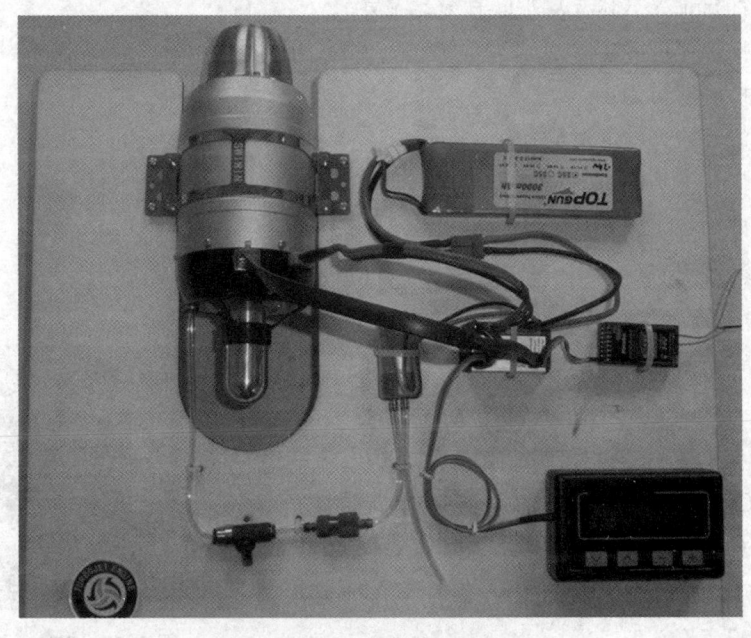

图 2-36 安装连接线到 ECU

9. 电源

接收机使用 6.6 V LiFe 锂铁或 6 V NiMH 镍氢电池动力电 8.4 V，ECU 的电源（接收机）限制为 6.6 V，也就是 5 节 NiMH 镍氢或 2 节 Life 锂铁。动力电源使用 8.4 V，也就是 2 节 Lipo 锂聚或 7 节 NiMH 镍氢电池。动力电源容量为 2 000～5 000 mAh，在每次大约 5 min 的飞行中，含启动到熄火散热，大约消耗 350 mAh 的电量，为了安全起见，飞行时电池应该随时保持 70% 以上的电力为妥。ECU 菜单中有消耗电力的计数器，可查看每次飞行与累计下来的耗电量，按下显示器 GSU（+）键清零。

充电时，电池不能与 ECU 连接，因为充电器的脉冲会损坏 ECU 电子元件。涡喷发动机启动时会消耗大量电源，用于加热火头及带动电机，总电流会达到 10 A，在寒冷地区启动时，必须保证电池容量与放电能力，若电池电压下降严重，ECU 将会报警同时停止启动。

三、涡喷的设定与调试

1. ECU 的功能

涡喷发动机的工作是在严苛的条件下才能顺利运转，必须依靠 ECU 的精密计算，从启动到运转到自动散热，每个过程都是程序化运行，ECU 会自动依照传感器的回传条件，温度与转速，控制电磁阀、加热火头，调节带动电机与油泵同步工作，涡喷发动机才能够进行启动、运转、熄火冷却，若运转条件不成立，则会关闭程序停止运转，以避免危险。

ECU 内部除芯片运算外，还具有多项侦测功能，能够通过显示屏 GSU 进行参数调整或观测，实用的侦测功能如下：

（1）尾管温度；
（2）动力电电压；
（3）输出电流；
（4）油门行程位置（脉宽）并以百分比显示；
（5）发动机转速；
（6）发动机使用时间；
（7）模拟信号输入（空速管）；
（8）接收信号丢失计数（侦测失控）；
（9）总使用电量；
（10）电磁阀、加热火头、油泵、带动电机测试功能；
（11）运转记录器（黑匣子功能）。

2. 显示屏的操作

显示屏上有︶、︿、−、+ 四个按键。其中，︶、︿ 为翻动菜单；−、+ 为改变数字及确认。显示屏连接在 ECU 的 DATA T/PC 插头上。开机后显示四个基本数据，左上角为目前的工作状态，右上角为尾管温度 T，左下角为转速 Rpm，右下角为油泵功率 Pw（图 2-37）。

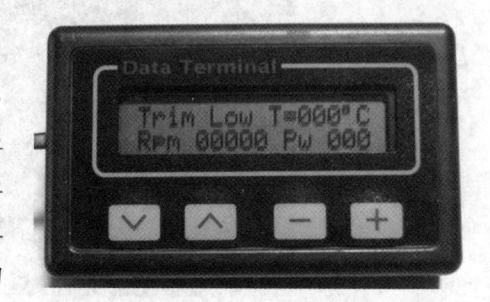

图 2-37　EDU 显示屏

按"+"按钮，会进入主菜单，分别有以下四个选项（图2-38）：

Start：设定启动时的各种参数；
Info：功能测试菜单；
Radio：设定油门行程；
Run：设定运转时的参数。

3. 校正油门行程

第一次使用时，必须先设定油门行程，过程如下：如果是JR系统的遥控器，油门舵机不需要反向；如果是Futaba系统的遥控器，必须把油门舵机反向。在图2-38所示的画面中，按下对应着Radio字样下方的按键（–），进入设定油门行程的菜单，出现图2-39所示的画面时，按"+"键确认，进入油门行程设定。

图2-38　主菜单

图2-39　油门行程设定

先设定全油门的行程，也就是油门摇杆最大，微调最大（推到最上的位置，过了中立点后往上推到底），按"+"键确认；再设定关车时的行程，也就是油门摇杆最小，微调最小（推到最下的位置，过了中立点后往下推到底），按"+"键确认；最后设定怠速的行程，也就是油门摇杆最小，微调最大（推到最上的位置，过了中立点后往上推到底），按"+"键确认。

油门曲线的设定，可选择Linear（线性）或其他，最后按"⌒"键保存并退出，回到开机时的主画面。

更换遥控器或接收机时，都需要对油门行程重新设定，新发动机在前一两个小时的使用时间内，油泵要经过一段的磨合期，若在飞行过程中发现怠速偏高，也可以对油门行程进行重新设定，因为ECU有学习功能，油泵状态的改变会影响ECU的判断，重新设定油门行程，会让ECU重新校正怠速时的工作条件。

在设定油门行程之后的第一次启动，ECU会自我调整与学习，启动之后让发动机维持怠速至少10 s，ECU会找到维持怠速最稳定的遥控器信号，记忆油泵功率等，之后每次启动皆以此参数为怠速标准。第一次启动维持怠速之后，可以缓慢加至最大油门，观察显示屏上的最高转速是否达到预定值，ECU也会依此学习最大油门时的参数，有助于日后的加速性，一次性加速到最高转速。

4. 油门曲线

涡喷发动机的推力与转速不成正比，如一半转速的时候，只有最大推力的1/4，推力呈现指数变化。对于一般的飞行而言，油门摇杆低转速的部分与高转速的部分在操作上并不呈线性，ECU提供了三个挡位的油门曲线供用户选择（表2-1）。

表 2-1 油门曲线

挡位	油门摇杆位置					备注
	0% 怠速	25%	50%	75%	100%	
Full Expo	怠速推力	6%	25%	56%	100%	
Half Expo	怠速推力	16%	38%	66%	100%	最大推力百分比
Linear	怠速推力	25%	50%	75%	100%	

（1）Full Expo 全曲线：适合使用在大推力比的飞机上，使低转速时的推力很好控制，容易控制飞机在地面上的滑行；

（2）Half Expo 半曲线：结合全曲线与线性两者的综合体曲线，对于小型涡喷飞机来说，可采取此项曲线；

（3）Linear 线性：推力按照摇杆的比例而增加。

5. 第一次启动

将发动机安装在稳定的试车台上，进行数次的启动运转测试，检查各项装备、涡喷发动机本体、电路、油路、油滤、防气泡油箱、主油箱等都没有问题之后，再转移安装到无人机上。

首次启动，先通过 Info 菜单内的测试油泵功能，将燃料抽入硬质油管中，但不能进入发动机内。

把遥控器设定在怠速位置，显示屏会出现 Ready 字样，表示 ECU 进入待机状态，随时可以启动。按照步骤进行安全检查之后，将油门推到最大，此时带动电机会转动，再把油门关到最小，此时发动机就自动进入点火启动程序。

如果微调关至最小位置，油门摇杆推至最大时，电机也会转动，但油门关至最小时则不会进入启动程序。

进入自动程序后，每个进行的步骤都会显示在显示屏上：

（1）Burner on：点火头预热。

（2）Ignition：开始点火，此时会听见电磁阀发出"嗒嗒"的声音，同时电机带动主轴，如果燃料进入发动机内部，点火成功时会发出火焰燃烧的声音，随后温度缓慢上升。当温度稳定时，则会进入下一程序。

（3）Pre Heat：燃烧室预热，在此阶段持续加大供油量并增加转速，提供更多的空气进行燃烧，温度逐渐上升至 80 ℃后，则表示燃烧室预热完成，此时火焰的颜色是低温的红黄色。

（4）Switch Over：打开主油路的电磁阀，电机开始加速。此时主油路开始供油，初期燃烧室的温度还不够高，燃料无法完全燃烧，所以会喷出少量火焰，几秒后温度会快速上升至 200～300 ℃。

（5）Fuel Ramp：在此阶段，油泵由间断性供油改为持续性供油，火焰会出现间断的爆燃声且出现青色的高温火焰，转速超过 30 000 转/min 时，离合器会脱离主轴，使涡喷发动机维持自转并持续加速，一直到怠速为止。

（6）Running：此时已经完成启动并达到了怠速的转速。

如果启动过程遇到"weak gas"，启动失败，有可能是油管内出现气泡、电力不足，或其他因素引起。

启动失败时，将微调关至最小，ECU会进行自动散热，直到温度降至100 ℃以下，若没有自动散热，则利用油门摇杆一推一收改手动散热，避免持续长时间推高油门进行强制散热，电机负荷过大容易引起故障。等本体冷却至50 ℃以下时，重新启动。

6. 关车与散热

运转中准备关车熄火时，将油门摇杆与油门微调关至最低，则自动进入关车熄火程序，此时带动电机会间断性地带动主轴散热，持续冷却，直到温度降至100 ℃以下为止。关车之后完成一次启动循环，此时程序会被终止，若要重新启动，则必须重启电源。

7. ECU显示的状态说明

ECU显示的状态说明见表2-2。

表2-2　ECU显示的状态说明

Trim Low	油门微调至最低，意味着油门处在关车的位置
Ready	准备启动，此时ECU上的蓝灯会亮起
StickLo!	此时油门摇杆不在怠速的位置，无法启动
Glow Test	加热火头测试
Start On	带动电机测试
Ignition	点火
Pre Heat	预热燃烧室，只有当点火成功之后，才会出现这个状态
Fuel Ramp	持续加大供油量，直到达到怠速转速
Running	运转中，使用者可以操作油门摇杆控制转速
Stop	停止运转
Cooling	冷却
Glow Bad	加热火头故障，开路或短路，或连接线故障
Start Bad	电机故障，当ECU无法侦测出应有的对应转速时，有可能是电机故障或转速传感器故障所引起
Low RPM	当转速低于ECU设定的最低转速时，造成熄火
High Temp	当尾管温度超过ECU设定的最高温度时
Flame Out	当温度低于最低设定值时火焰断燃，造成熄火

续表

RC SIGNAL LOST/INCORRECT	信号丢失或失控时，系统报警
PUMP LIMIT REACHED	当油门推到最大，油泵达到了 ECU 设定的最大功率，却无法达到最高转速时，出现的报警信号，一般是由油管受阻、油滤受阻或天冷燃料黏性过大所引发
××××OVERLOAD	某项数值超过额定值时，系统报警

8. 黑匣子记录功能

ECU 能够记录涡喷发动机最后 51 min 的使用情形、状态、温度、转速、油泵功率等。当涡喷发动机使用出现异常时，或定期保养时，可以通过显示屏观察最近一次熄火时的原因（表 2-3）。

表 2-3　黑匣子命令说明

User Off	通过遥控器进行的关车
Fail Safe	当 ECU 丢失接收机的油门信号之后，0～0.5 s 会自动降至怠速，超过 1.5 s 之后会自动熄火防止意外发生
Low RPM	当转速低于 ECU 设定最低值引起的熄火，有可能是因为油管气泡、油路受阻、电力不足、进气量不足、轴承润滑道不足等造成
Flame Out	当温度突然降至 100 ℃ 以下，表示发生火焰断燃，或感温器故障、接线故障等
RCPwFail	接收机电源不足

玄云涡喷发动机调试工卡见表 2-4。

表 2-4　玄云涡喷发动机调试工卡

工卡标题	玄云涡喷发动机调试		
发动机类型	SW6 玄云涡喷发动机	工种	
工时	2 h	工作区域	无人机实训室
注意事项	涡喷发动机在极高的旋转速度下工作，发动机运转时，一定要保持安全距离，涡喷发动机前方保持 3 m 距离，左右侧保持 5 m 距离，后方保持 10 m 距离。随时准备灭火器，必须使用二氧化碳灭火器，并使用耳罩阻隔巨大的音压，防止听力受损。严禁使用干粉灭火器，干粉若喷入发动机内，则会造成轴承严重磨损。使用的燃料煤油或柴油内，必须兑入 5% 的涡喷专用润滑油		
编写 / 修订		批准	
日期		日期	

续表

器材清单						
序号	设备名称	单位	数量	工作者	检查者
1	SW6玄云涡喷发动机	台	1		
2	二氧化碳灭火器	个	1		
3	美孚飞马二号涡喷专用润滑油	升	1		
4	金属发动机安装架	个	1		
5	防气泡油箱	个	1		
6	带球阀与油滤的油泵	台	1		
7	涡喷控制器ECU	个	1		
8	内径大于2.5 mm软质油管	米	2		
9	外径4 mm、内径2.5 mm硬质油管	米	2		
工作任务					
启动前检查				工作者	检查者
(1) 依次检查接收机电池的充电情况、周围环境、灭火设备、油管与油滤、油箱,确保符合安全规定					
(2) 对油箱加油,应该慢速加油,防止加油过程压力过大挤爆油箱;在加油过程中,注意妥善固定涡喷油泵,避免油泵工作时产生力矩抖动,造成油管折压					
(3) 加油时观察涡喷电磁阀是否处于关闭状态,避免因杂质卡住电磁阀造成闭锁不紧,使燃料进入发动机内					
(4) 打开接收机电源,连接动力电源					
(5) 将进气口对准迎风方向,并检查刹车系统					
(6) 一切准备工作完成后,启动涡喷发动机					
涡喷关车操作				工作者	检查者
(1) 将涡喷发动机进气口对准迎风方向,待涡喷发动机完全冷却后关闭接收机电源					
(2) 如果关车熄火后,发动机未进入自动冷却程序,应立即采用手动冷却					
(3) 收藏飞机时应该把油箱内的燃料抽干,防止意外					
(4) 清扫整理现场					

第二部分

电动无人机动力系统

项目 3　电动无人机动力系统组成

【知识目标】

(1) 掌握电动无人机动力系统的基本组成；
(2) 掌握动力电机的基本分类及工作原理；
(3) 掌握调速系统的基本分类及工作原理；
(4) 掌握动力电池的基本特点；
(5) 掌握螺旋桨的基本参数。

【能力目标】

(1) 能分辨电动无人机动力系统的各个组成部分；
(2) 能根据不同的使用需求搭配电动无人机动力系统的各个部件。

【素质目标】

(1) 具有艰苦朴素的工作作风和迎难而上的工作信念；
(2) 具备一定的创新意识；
(3) 养成严谨细致的工作作风。

【学习导航】

本项目主要学习电动无人机动力系统的组成。

【问题导入】

电动推进系统目前正在逐步应用于多种无人机中，几乎涵盖从微型到大型的所有无人机类别，其中，在 7 kg 以下的小型无人机领域，90% 采用的都是电动系统。那么：

1. 电动无人机动力系统是由哪些部件组成的？
2. 各个部件所起的作用是什么？
3. 固定翼无人机与多旋翼无人机的动力系统构成是一样的吗？

电动无人机动力系统的主要组成部分

3.1　了解电动无人机动力系统的组成

电动无人机动力系统主要由动力电机、调速系统（控制电机转速）、螺旋桨及电池等部分组成。它们的连接方式如图3-1和图3-2所示。动力系统各个部分之间是否匹配、动力系统与整机是否匹配，直接影响整机效率、稳定性，因此，动力系统是至关重要的。

从图3-1和图3-2中可以发现，固定翼无人机与多旋翼无人机的动力系统组成存在一定的差异。固定翼无人机一般是通过电调驱动一个或两个电机运转，为飞机提供推力，同时，电调的BEC模块驱动其他控制设备；多旋翼无人机一般需要通过两个以上的电调分别驱动电机，飞机的其他控制设备一般连接在飞控上，通过飞控来控制飞机的姿态。

造成动力系统结构差异的主要原因是固定翼与多旋翼的飞行方式存在较大差别，固定翼无人机只需要驱动一个电机提供前向推力，升力主要由机翼产生，飞机的控制是通过舵面偏转来实现，因此，动力系统结构相对简单；多旋翼无人机需要驱动多个电机直接产生升力，而且飞机的控制也是通过电机转速的变化来实现的，因此，多旋翼无人机的动力系统结构较为复杂，如图3-3所示。

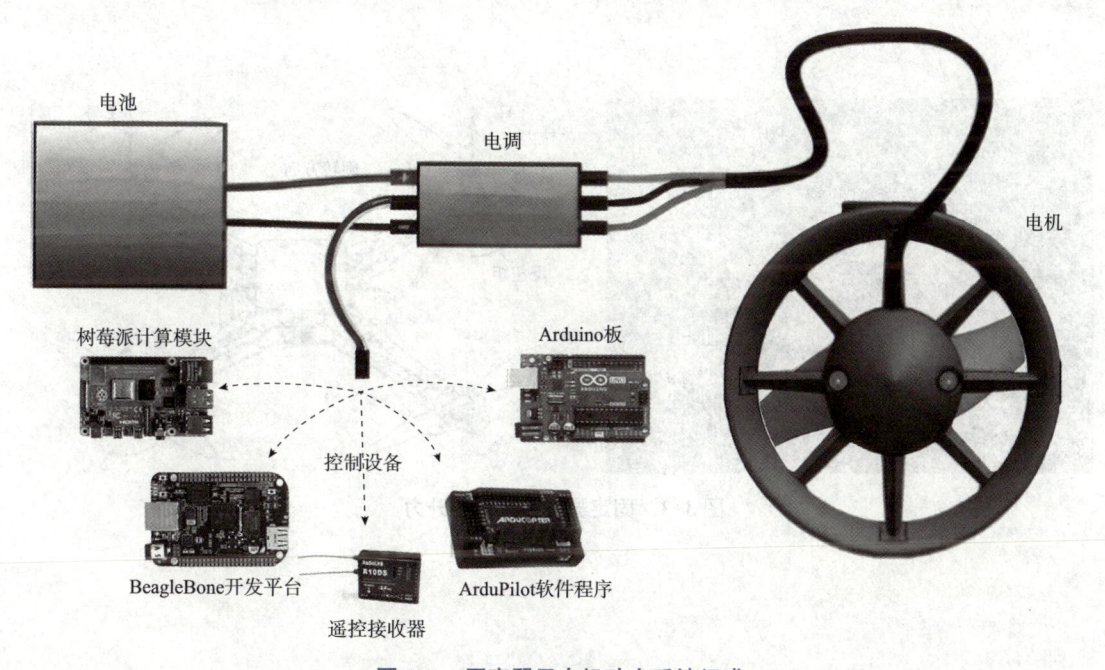

图3-1　固定翼无人机动力系统组成

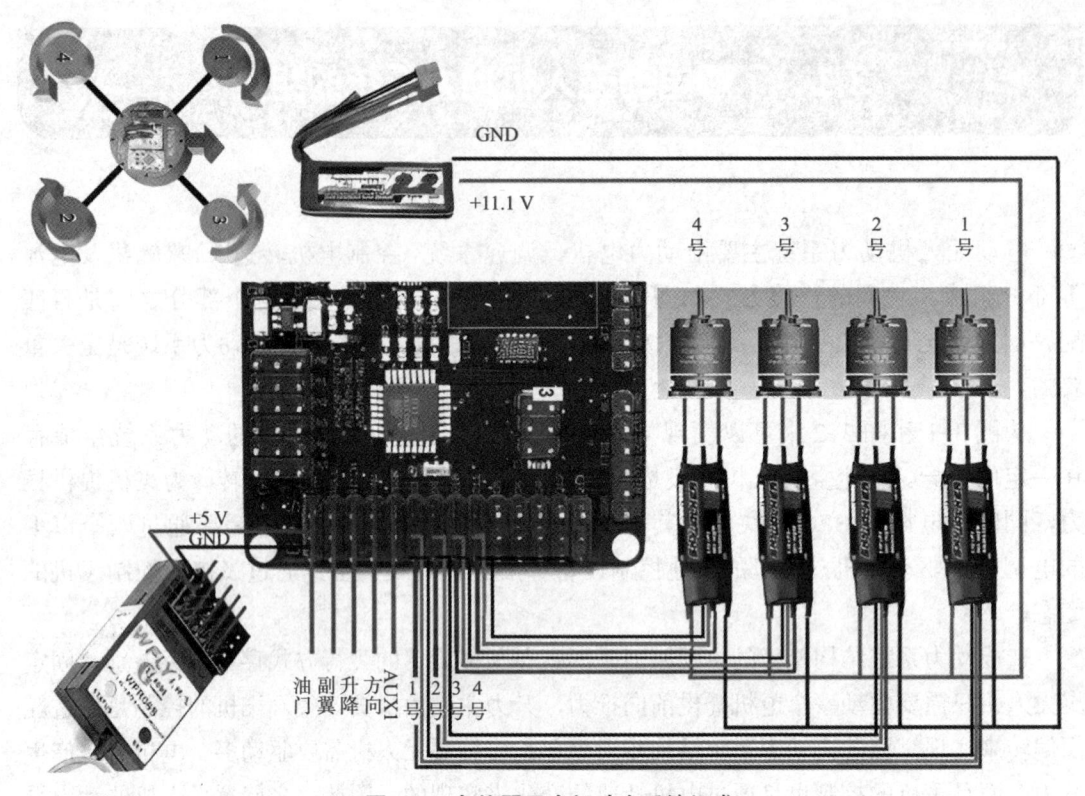

图 3-2　多旋翼无人机动力系统组成

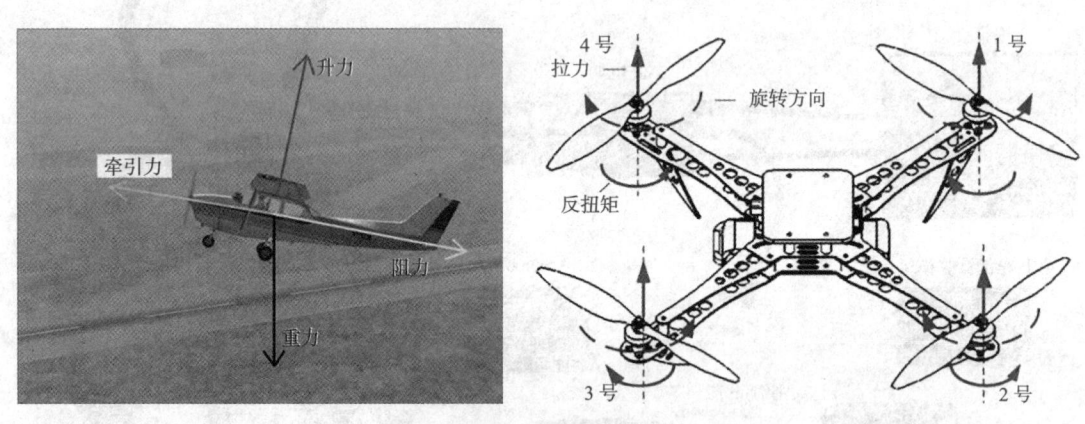

图 3-3　固定翼与多旋翼的升力

3.2 认识动力电机

图 3-4 和图 3-5 所示分别是大疆精灵 4 航拍无人机和大疆特洛无人机。两种无人机除在大小和性能方面有差别外，你还能分辨出它们在动力系统方面存在的差异吗？

图 3-4 大疆精灵 4 航拍无人机

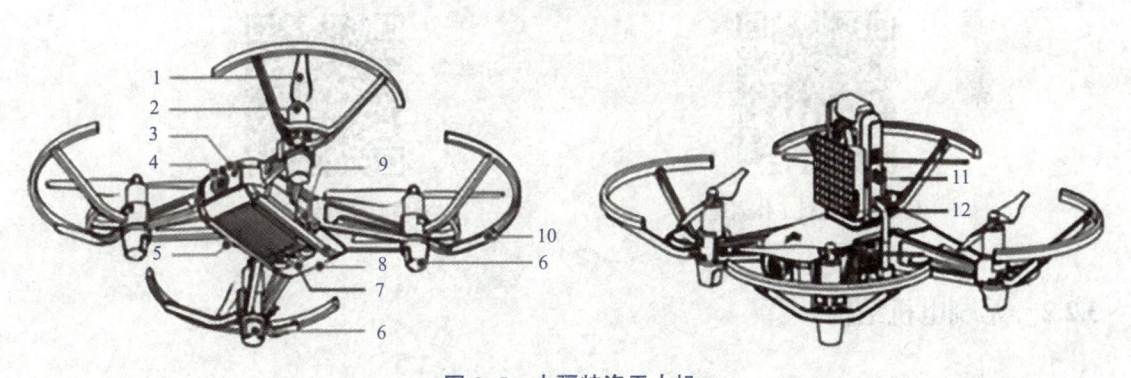

图 3-5 大疆特洛无人机

1—螺旋桨；2—电机；3—状态指示灯；4—相机；5—电源按键；6—天线；7—视觉定位系统；8—飞行电池；9—Micro USB 接口；10—桨叶保护罩；11—开源控制器；12—测距点阵屏拓展模块

它们在动力系统方面最大的差别是精灵 4 航拍无人机采用的是无刷电机驱动，而特洛无人机采用的是空心杯电机进行驱动。那么，无刷电机与空心杯电机存在什么样的差异？什么样的场景适合使用空心杯？什么样的场景适合使用无刷电机呢？

3.2.1 空心杯电机

空心杯电机属于直流永磁的伺服、控制电动机,也可以将其归类为微特电机。空心杯电机具有突出的节能特性、灵敏方便的控制特性和稳定的运行特性,技术先进性十分明显。作为高效率的能量转换装置,其在很多领域代表了电动机的发展方向。

空心杯电机的线圈看起来就像一个杯子,空心杯由此得名,空心杯电机结构及线圈分别如图 3-6 和图 3-7 所示。

图 3-6 空心杯电机结构　　　　　　图 3-7 空心杯电机线圈

◇拓展 空心杯电机名称的由来是因为其结构方式的特点,它除可以做成有刷电机外,也可以是无刷电机结构。

直流有刷电机工作原理　　　　　　空心杯电机的组成

3.2.2 无刷电机结构

目前,无人机使用的主流电机是外转子三相直流无刷同步电动机。多旋翼无人机使用外转子电机,外壳与轴一起旋转,电机短粗,转速低,扭矩大,适合带低速大桨;内转子电机外壳不转,轴转,电机细长,扭矩小,转速高,适合带高速小桨,电动涵道航模基本都是内转子电机,两者如图 3-8 所示。

无刷电机去掉了电刷,最直接的变化是没有有刷电机运转时产生的电火花,极大地减少了电火花对电子设备的干扰。没有电刷,电机运转时摩擦力大大减小,运行顺畅,噪声低,内阻也小得多。现代无刷电机普遍使用钕铁硼磁钢代替铁氧体磁铁,磁力要强得多,因此,无刷电机的效率高达 80%~90%,而有刷电机的效率不超过 40%。

图 3-8 外转子无刷电机与内转子无刷电机
(a) 外转子无刷电机；(b) 内转子无刷电机

无刷直流电机结构与工作原理

有刷电机与无刷电机有什么不同？

3.2.3 动力电机的优缺点

1. 无刷电机的优缺点

（1）无刷电机的优点。

1）运行声音小。随着社会文明的不断发展，任何工具都要求降低噪声来保护我们的声音环境。在一些需要安静的地方如医院、银行、机场、学校等场所，更适合使用无刷电机。

2）无火花。在一些易燃易爆的场所，无刷电机可以发挥重要的作用。

3）寿命长。因为无刷电机用控制器代替了换向器和碳刷，其使用寿命是有刷电机的几倍甚至十几倍。普通碳刷的寿命是有一定限度的，如 1 000 h 碳刷就会磨损殆尽，只能更换电刷或更换电机。

4）速度高。无刷电机因为采用了磁场感应，没有实质的接触，其运转速度和启动速度可以做得更快。

（2）无刷电机的缺点。

1）造价高。由于增加了控制器，因此成本增加，而有刷电机的换向器和碳刷的成本要低得多。

2）无法在高磁场环境使用，接触高磁场可能使电机失效。

因为电机本身的转子部件是磁体，是经过充磁才有磁性的，经过高磁场将改变转子的磁场或消掉了部分的磁性，电机都将无法正常工作。

2. 有刷电机的优缺点

（1）有刷电机的优点。

1）结构简单。有刷电机结构简单，生产加工容易，维修方便，容易控制；直流电机还具有响应快速、较大的启动转矩、从零转速至额定转速具备可提供额定转矩的性能。

2）运行平稳，启动、制动效果好。有刷电机是通过调压调速，因此启动和制动平稳，恒速运行时也平稳。无刷电机通常是数字变频控制，先将交流变成直流，直流再变成交流，通过频率变化控制转速，因此，无刷电机在启动和制动时运行不平稳，振动大，只有在速度恒定时才会平稳。

3）控制精度高。有刷电机通常和减速箱、译码器一起使用，使得电机的输出功率更大，控制精度更高，控制精度可以达到 0.01 mm，几乎可以让运动部件停在任何想要的地方。所有精密机床都是采用直流电机控制精度。

（2）有刷电机的缺点。

1）电刷和换向器之间有摩擦，造成效率降低、噪声增加、容易发热，有刷电机的寿命要比无刷电机短几倍。

2）维护麻烦，需要不停地更换电刷。

3）因为电阻大，效率低、输出功率少。

4）电刷和换向器摩擦会引起火花，干扰大。

【扩展资料】

从以下几个方面来谈谈有刷电机和无刷电机的区别：

（1）适用范围。

1）无刷电机的设备可以运用于乳制品行业、酿造行业、肉制品加工行业、豆制品加工行业、饮料加工行业、糕点加工业、药品业、电子精密厂等一些要求更高的无尘车间等。

2）有刷电机只能适用于各式洗手间等对要求不是太高的区域，而像无尘车间和防爆车间就无法使用了。

（2）使用寿命。

1）无刷电机：可连续工作 20 000 h 左右，常规的使用寿命为 7～10 年。

2）有刷电机：可连续工作 5 000 h 左右，常规的使用寿命为 2～3 年。

（3）使用效果。

1）无刷电机：用于吹风机时，其转速可达 120 000 转/min，实际效果可达到 5～7 s 的干手时间。

2）有刷电机：运转速度及干手时间要远低于无刷电机，传统有刷电机吹风机的转速一般在每分钟 3 000 转左右。

（4）节能方面。相对而言，无刷电机的耗电量只是有刷电机的 1/3。

（5）日后维修方面。有刷电机磨损后，不仅需要更换碳刷，还要更换转齿等电机周边的附件，成本要高出很多，而且整体的功能将会受到影响。

3.3 调速系统

动力电机的调速系统称为电调，全称为电子调速器（Electronic Speed Controller，ESC）。电调可分为有刷电调和无刷电调两种。有刷电调的作用与开关电源相似，其作用是根据飞控的控制信号，输出适当的电压与电流，驱动有刷电机运转；无刷电调的作用是根据飞控的控制信号，将电池的直流输入转变为一定频率的交流输出，用于控制电机转速，如图 3-9 所示。

图 3-9 无刷电机调速系统

3.3.1 电调的作用

1. 驱动无刷电机

无刷电机是有三根输入电源线的三相直流电机，直接接电池是转不动的，需要另外用驱动装置才会转，无刷电调就是起这个作用。

2. 调速

所有遥控模型，车辆、飞机、船都需要通过调整电机转速来控制模型的运行速度，电子调速器，顾名思义，是调整电机的转速。

3. BEC

模型除电机外，还有接收机、飞控、舵机等需要电源供电，它们大部分使用的工作

71

电压为 5～6 V，而模型大多采用的电池的电压是 7.4 V（2 S）以上，直接用这么高的电压到接收机上会烧坏电路，所以，需要将电池的电压降为 5 V 左右才能使用。既然电调是接电池的，可以把降压稳压功能集成到电调里面，就是电调带 BEC（Battery Eliminate Circuit），带 BEC 的电调可以直接为接收机等供电。

3.3.2 电调的常用参数

（1）持续输出电流：电调能持续输出的最大电流数（A）。电机最大的输入电流不能大于这个数，否则会烧掉电调。如电机在全油门下需要 18 A 的电流，匹配的电调的持续输出电流要大于 18 A，考虑到余量安全性，建议选择加 30% 以上的电流，18 A 的建议选择 25～30 A 持续输出电流的电调。选择持续输出电流不要太大，否则会浪费电调的能力，并且持续输出电流越大的电调价格越贵、质量也越重。

（2）瞬间电流：在短暂时间内能输出的最大电流，如 40 A/10 s，超过这个短暂时间继续以这个电流输出，则会损坏电调。因此，瞬间电流能持续的时间有限，在这个电流下不能长期工作。

（3）输入电压：电调正常工作的电压范围，除直接写上电压范围外，通常也会用电池节数来表示，如 2～6 S 锂电池或 5～18 节镍氢/镍镉电池。使用时需确保电调在有效工作电压范围内。

（4）BEC 输出：支持 BEC 的电调除要写上是线性还是开关外，还有输出电压及对应的电流，如 5.25 V/6 V，持续输出 7 A，瞬间输出 15 A。输出电压通过电调编程更改。

（5）质量：电调的质量，有些产品同时写上带线和不带线的质量，以便更精确地计算总质量。

3.3.3 多合一电调

多轴飞行器每个电机要有一个电调，每个电调有电源输入、电源输出、信号线三组线，轴越多，线越多，不仅布线麻烦，还增加质量，多合一电调集成多个电调，电源输入只需要一组（如四轴，能节省 6 条电源输入线和 12 对 24 个香蕉插头），简化布线，既能减少插头，又能减小质量。四合一电调如图 3-10 所示。

图 3-10 四合一电调

多合一电调的最大缺点是只要其中一个电调坏了，整个都要更换，更换成本高。

多合一电调适用穿越机。

3.3.4 油门行程设置

遥控器的油门拉到最低时的电机转速为 0，油门推到最高时的电机达到最高转速。首次使用电调或更换遥控器时，需要重新设置电调油门航程，否则可能油门拉到最低时电机还在转，或者油门没推到最高，电机已经是最大转速。特别是多轴飞行器，如果不进行油门航程设置，会导致几个电机转速不一致无法飞行。

不同厂商的电调调整油门航程方法不同，大致是先打开遥控器，把油门拉到最低，再电调接电池，等提示一定规律声音后，把油门推到最高，完成调整过程。

3.3.5 电调编程参数的设置

为了获得更好的电调性能，绝大部分电调支持参数调整，就是所谓的编程。通常支持的编程项目如下：

（1）刹车设置：没刹车功能的电调，油门关闭后，电机还有惯性转动。开启刹车功能后，油门关闭电机迅速停止。电调可以设置无刹车和刹车速度（很快、很慢等）。

（2）电池类型：设置使用锂电或镍氢电池，根据电池属性获得更好的性能。

（3）低压保护：在监控到电池低于某个电压的时候，电调做的动作，如降低功率或立即切断输出，起到避免电池过放作用。

（4）低压值设置：设定电池的引发电压保护器作用的电压值。建议设置好这个值，最大限度保护电池避免过放，延长电池寿命。

（5）锂电节数：设置自动判断电池节数或是手工指定电池节数。在电压低的时候自动判断可能会出现差错，建议手工设置电池节数，提高安全性。

（6）BEC 电压：设置 BEC 输出电压。

无刷电机和电调是如何工作的？

3.4 动力电源

3.4.1 充电电池的分类

航模电池有多种，如镍镉电池、镍氢电池、锂电池等。镍镉 / 镍氢电池有记忆效应，能量密度比锂电池小，航模的动力电池基本是锂电池。

3.4.2 锂电池

锂电池根据锂电解质的不同，又可分为液体锂离子电池（LiB）和锂聚合物电池（LiP）两种。其中，锂聚合物电池就是最常用的锂电池。

锂聚合物电池单个电芯是铝箔包软包装封装，具有超薄化特征，可以配合一些产品的需要，制作成不同形状与容量的电池，如图3-11所示。

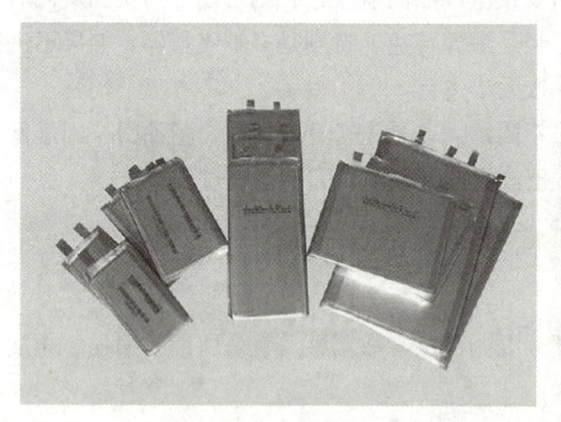

图3-11 锂聚合物电池的电芯及电池组

无人机电池基础知识

3.5 螺旋桨

3.5.1 螺旋桨的工作原理

螺旋桨是安装在电机上，为无人机提供升力的装置，电机仅仅是将电能转换成机械能，而螺旋桨才是真正产生升力的部件。螺旋桨是一个旋转的翼面，适用于任何翼面的诱导阻力、失速和其他空气动力学原理。螺旋桨产生推力非常类似机翼产生升力的方式，产生升力的大小依赖桨叶的平面形状、螺旋桨叶迎角和电机的转速。螺旋桨叶本身是负扭转，因此，桨叶角从毂轴到叶尖是变化的。最大迎角在毂轴处，而最小迎角在叶尖，如图 3-12 所示。

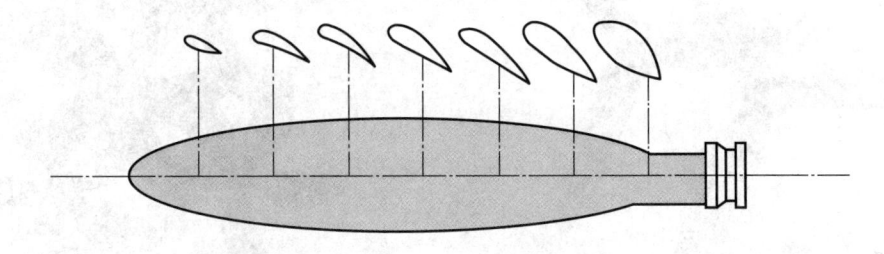

图 3-12　螺旋桨

扭转的原因是为了从毂轴到叶尖产生一致的升力。当桨叶旋转时，桨叶的不同部分有不同的实际速度。桨叶尖部线速度比靠近毂轴部位要快，因为相同时间内叶尖要旋转的距离比毂轴附近要旋转的距离长。从毂轴到叶尖迎角的变化能够在桨叶长度上产生一致的升力。如果螺旋桨叶设计成在整个长度上迎角相同，那么螺旋桨的效率会非常低。

一般在多旋翼飞行器上安装的都是定距桨，定距桨不能改变桨距，只有在一定的桨距和转速组合下才能获得最高的效率。

3.5.2　螺旋桨叶数的分类与用途

1. 双叶螺旋桨

双叶螺旋桨属于最常见的桨，具有合理的效率，并且容易平衡，如图 3-13 所示。

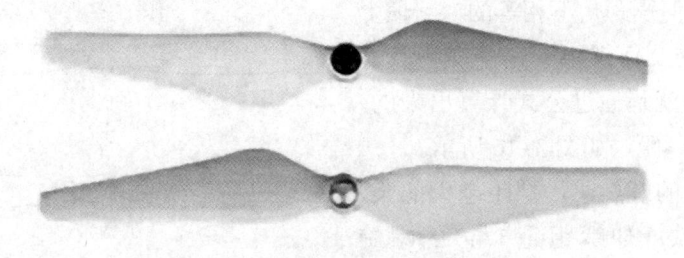

图 3-13　双叶螺旋桨

2. 三叶螺旋桨

三叶螺旋桨的效率比双叶螺旋桨高，并且由于是非对称，不容易引起共振，因此，振动和噪声都少。三叶螺旋桨是穿越机最常用的螺旋桨，如图 3-14 所示。

3. 四叶螺旋桨、五叶螺旋桨

四叶螺旋桨、五叶螺旋桨（图 3-15）一般搭配在小尺寸无人机上。

图 3-14 三叶螺旋桨

图 3-15 五叶螺旋桨

3.5.3 螺旋桨的常用参数

1. 螺旋桨直径

螺旋桨两个桨尖之间的距离就是螺旋桨旋转时最大的旋转面的直径。同一个转速的螺旋桨，螺旋桨直径越大，拉力也越大。

2. 螺旋桨螺距

螺旋桨螺距是指螺旋桨（桨叶剖面迎角为零时）旋转一周在轴向移动的距离。由于桨叶各剖面的几何螺距是不相等的，习惯上取 70% 直径处的几何螺距。这个螺距其实是几何螺距，也就是通过公式计算出来的，并不是等于实际螺距，如图 3-16 所示。

同一个转速的螺旋桨，螺距越大的桨，飞行的速度越快，如螺距是 5 in[①] 的螺旋桨，旋转一周的前进距离是 5 in，约等于 12.7 cm，在转速是 1 000 r/min 下，理论的前进速度是 1 000×12.7 cm/min=127 m/min。

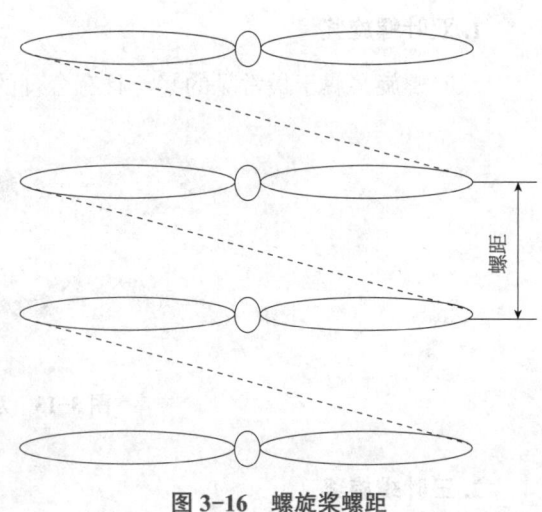

图 3-16 螺旋桨螺距

3. 螺旋桨规格

（1）单位：一般是指英寸（in），1 in=2.54 cm，看螺旋桨规格的时候，要清楚所列的直径螺距的单位，大部分是以英寸（in）为单位，但也有一些是以厘米（cm）或毫米（mm）为单位。

---

① in 是长度单位，1 in=2.54 cm。

（2）直径：前两个数字是直径，注意，一般来说，如果直径是大于 30 的，要再除以 10 才是真正的直径，如 80 表示的是 8，60 表示的是 6。

（3）螺距：后两位数字表示的是螺距，注意，数字也是要除以 10 才是真正的螺距，如 55 等于 5.5。例如，APC8060 表示的是 APC 厂家，直径 8 in，螺距 6 in；DJI1555 表示的是大疆厂家，直径 15 in，螺距 5.5 in。

> **注意**
> （1）并不是所有螺旋桨的规格都按以上的标准，有些螺旋桨在直径和螺距之间用 × 隔开，如 T-MOTOR12×40。
> （2）有部分螺旋桨的直径是有小数点的，一般会省略部分小数，如 APC4745，其真正的直径是 4.75 in。因此，除看型号外，还需要看具体的参数确定真实的参数。
> （3）规格的命名并不统一，购买前需要核实其真正的参数。

4. 螺旋桨的材料

螺旋桨的制造材料对其效率和声音等属性产生重大影响。一般的螺旋桨材料有塑料、木桨、碳纤维。穿越机要使用塑料螺旋桨，塑料具有良好的刚度，但如果碰到硬物，则会弯曲而不破裂。制造桨叶还可用其他材料，但通常被认为最好的是聚碳酸酯或 PC。

5. 判断螺旋桨的正桨和反桨

除规定每个轴的电机旋转方向外，还规定了每个轴安装的螺旋桨是正桨还是反桨。安装螺旋桨前，首先要区分好正桨和反桨，具体内容参见项目 6。

螺旋桨基本知识

【项目小结】

本项目主要讲述了电动无人机动力系统组成。

电动无人机动力系统主要由动力电机、调速系统（控制电机转速）、螺旋桨及电池等部分组成。动力系统各个部分之间是否匹配、动力系统与整机是否匹配，直接影响整机效率和稳定性。

目前应用在无人机上的电机主要为空心杯电机和无刷电机。空心杯电机具有体积小、响应快、质量轻等优点，广泛应用在航模玩具与低端无人机领域。无刷电机功率大、效率高，广泛应用在航拍、植保和各种行业应用无人机领域。

动力电机的调速系统称为电调，全称为电子调速器（Electronic Speed Controller，ESC）。电调可分为有刷电调和无刷电调。有刷电调可以根据飞控的控制信号输出适当的电压与电流，驱动有刷电机运转；无刷电调的主要作用是根据飞控的控制信号，将电池的直流输入转变为一定频率的交流输出，用于控制无刷电机转速。

电池的主要功能在于给动力系统提供电力。

螺旋桨是真正产生升力的部件，螺距与直径是螺旋桨最常见的参数，不同材质的螺旋桨具有不同的特性。

【巩固提高】

1. 电动无人机动力系统是由哪几个部件组成的？
2. 简述无刷电机与有刷电机的优点、缺点。
3. 无刷电机的组成部件有哪些？
4. 有刷电机的组成部件有哪些？

【实训3】

认识电动无人机动力系统部件

■ 任务描述

电动无人机动力系统是中小型无人机上普遍采用的动力系统形式，它具有结构简单、性价比高等优点。通过对电动无人机动力系统相关知识的学习，识别电动无人机动力系统中的电机、电调、电池和螺旋桨等部件，了解各部件的功用。

■ 任务目标

识别电动无人机动力系统中的电机、电调、电池和螺旋桨等部件，并能够进行部件的安装与调试（图3-17）。能够理解无刷电机常用参数，掌握无刷电机的安装；熟悉无刷电机电调常用参数，掌握无刷电机的安装与使用；熟悉无人机常用动力电池型号及参数，了解电池的基本使用原理与充放电流程，能辨别常用的电池插头；能够根据拉力表选择合适的电机与螺旋桨进行匹配。

图3-17　F450练习无人机

■ **任务实施**

1. 掌握无刷电机的安装

朗宇 2212 无刷电机配件如图 3-18 所示。

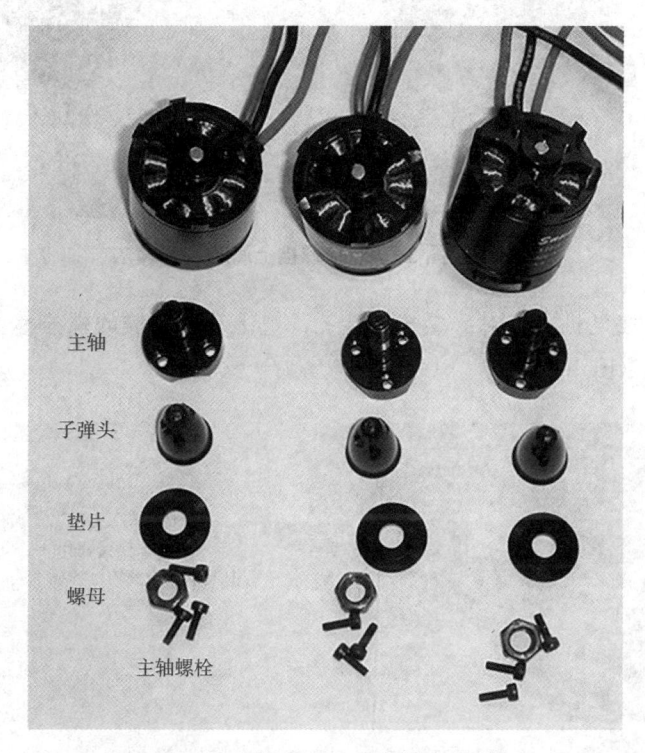

图 3-18 朗宇 2212 无刷电机配件

（1）滴一滴螺栓胶在桨夹输出轴安装螺栓上（图 3-19、图 3-20）。

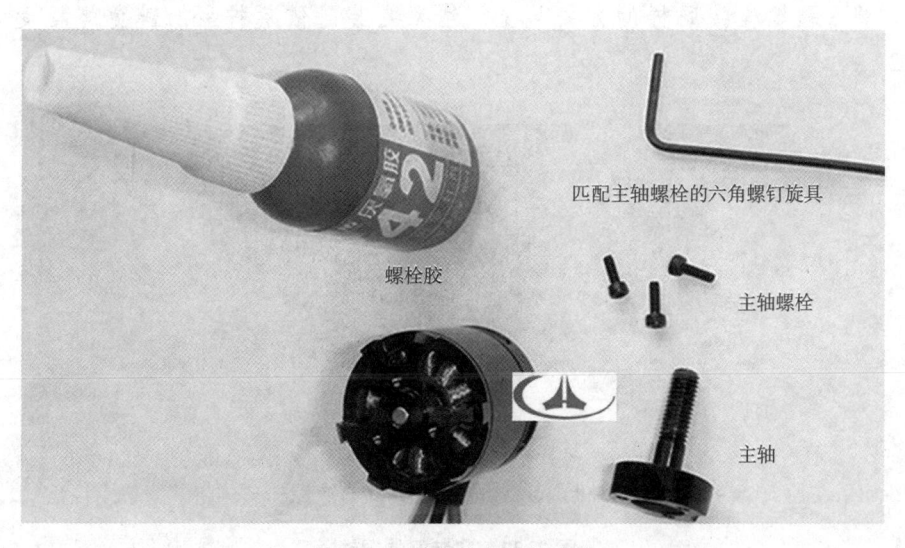

图 3-19 桨夹输出轴的安装

79

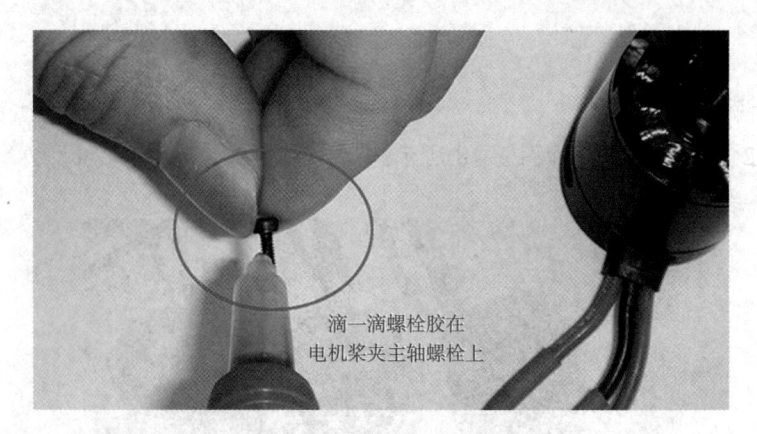

图 3-20　在螺栓上滴胶

（2）将主轴放在电机上，对好螺栓安装孔，把上了螺栓胶的螺栓插上去，用六角螺钉旋具拧紧在电机上（图 3-21）。

图 3-21　依次安装好 3 颗螺栓

（3）将 3 颗螺栓按同样的方式装上，注意安装时依次拧紧，避免螺栓受力不均（图 3-22）。

图 3-22　安装好的主轴

80

(4)将电机安装在机臂上。把电机放在机臂电机安装座上,电机线向中心板方向,三根电源线分别向下穿过机臂孔。拿出机臂附带的电机安装螺栓,在螺栓上滴一点螺栓胶,把电机拧紧在机臂上。拧紧后,要通过电机座的散热孔观察螺栓有没有太长而顶到电机定子上(如果碰到电机定子的线圈,就会引起线圈短路而烧毁电机)(图3-23)。

图3-23 将电机安装在机臂上

2. 掌握无刷电调的安装

(1)将电调焊接在中心板上。电调有一面是平整的,而另外一面有个电容凸出来。为了安装电调的时候更加牢固,要把平整的那面装在机臂上(图3-24)。

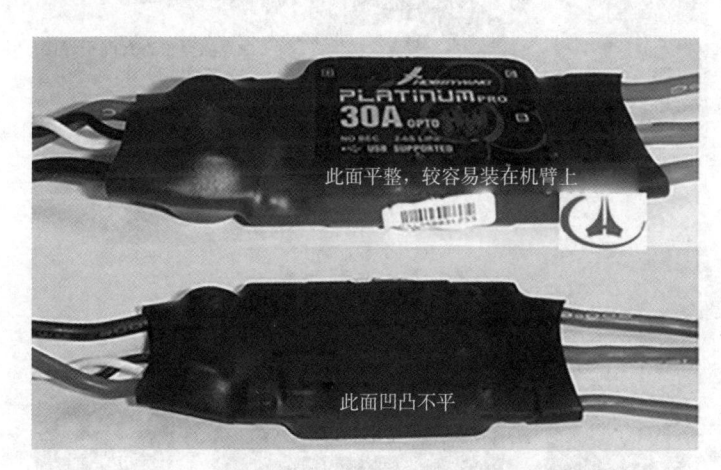

图3-24 30 A 无刷电调

(2)放好下中心板,有标记+、-号的向上。先用纸擦干净标记+和-上的触点,在触点上放适量松香,一只手用电烙铁加热触点,另外一只手不断地送焊锡丝到触点上,直到整个触点都盖上一层较厚的焊锡(图3-25)。焊锡区千万不要超出触点的范围。

(3)在触点处适当使用松香充当助焊剂,有助于提高焊点质量(图3-26),焊接良好的焊点如图3-27所示,所有触点应覆盖一层饱满焊锡。

81

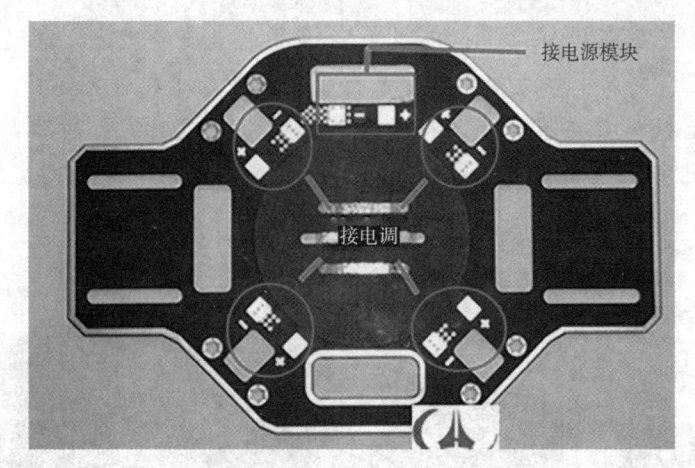

图 3-25　下中心板上的焊点

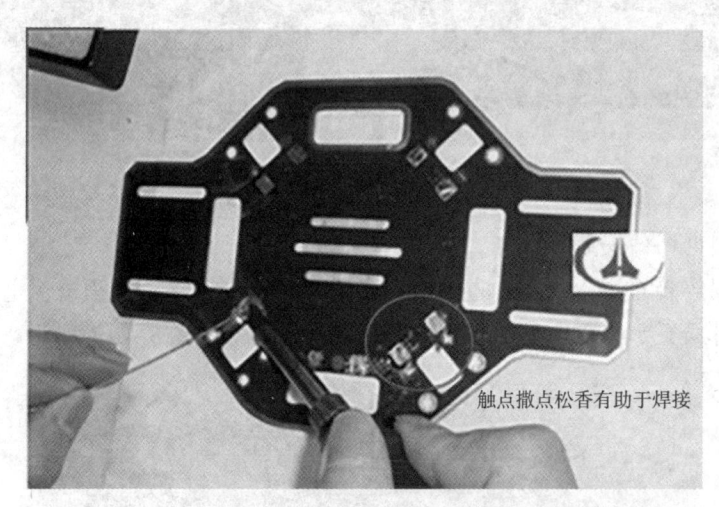

图 3-26　使用松香充当助焊剂

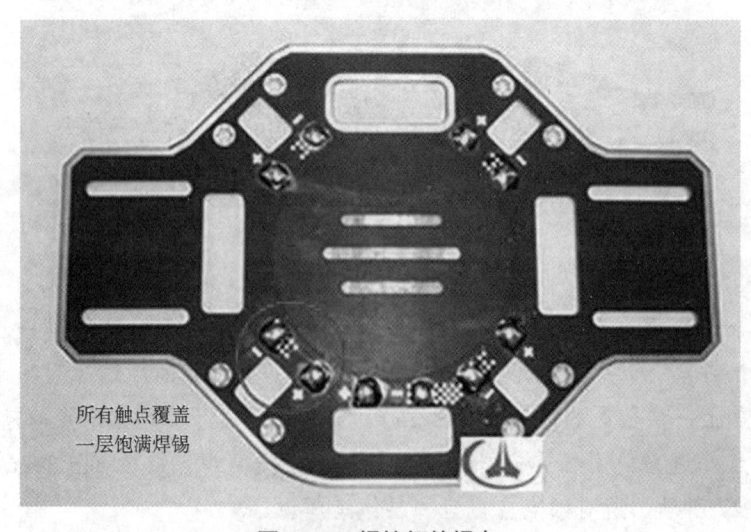

图 3-27　焊接好的焊点

（4）拿出一个电调，电调平整面向上，电调红黑两线端对着下中心板的一组＋和－的触点处，加少量的焊锡丝在触点上，用电烙铁把红色线焊接在＋号的触点上，把黑色线焊接在－号的触点上（图3-28）。正负两极千万不要弄错，否则一接电源就会烧掉电调。用同样的方式焊接剩余的电调（图3-29）。

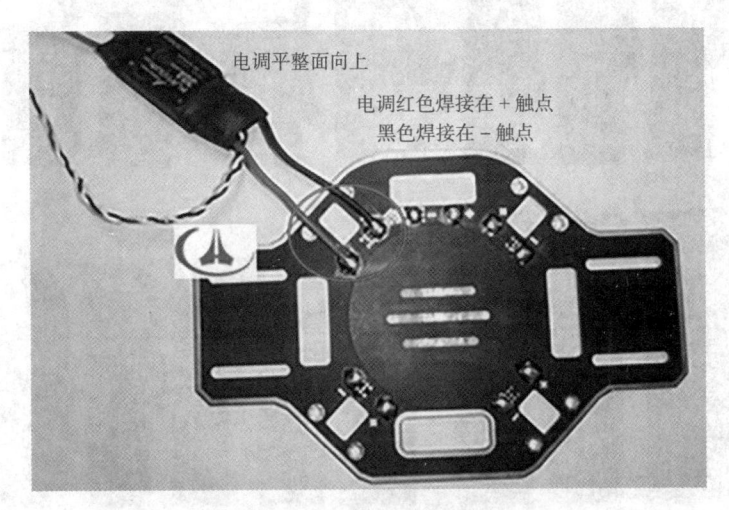

图3-28　焊接好的电调

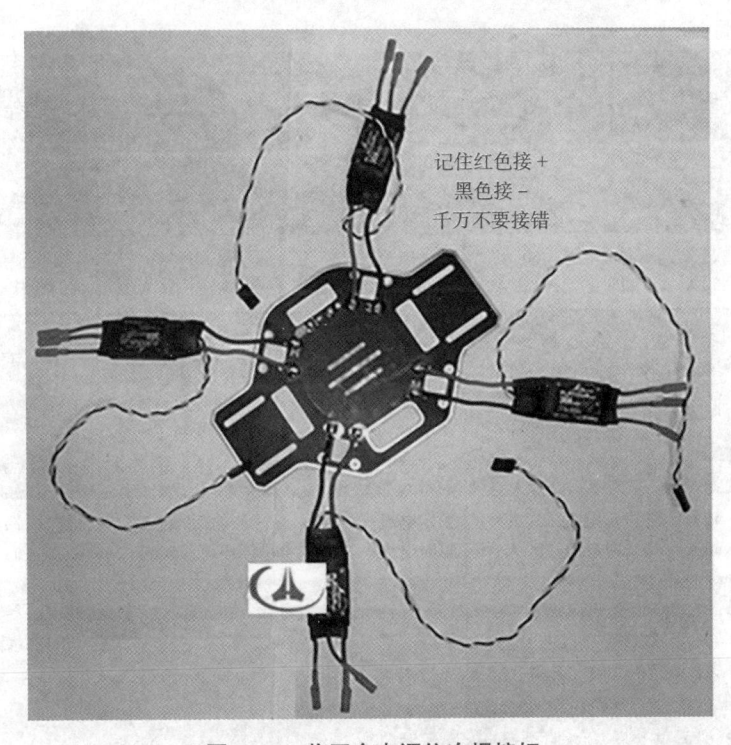

图3-29　将四个电调依次焊接好

3. 理解动力电池型号及参数

熟悉无人机常用动力电池型号及参数，了解电池的基本使用原理与充放电流程，能辨别几种常用的电池插头（图 3-30、图 3-31）。

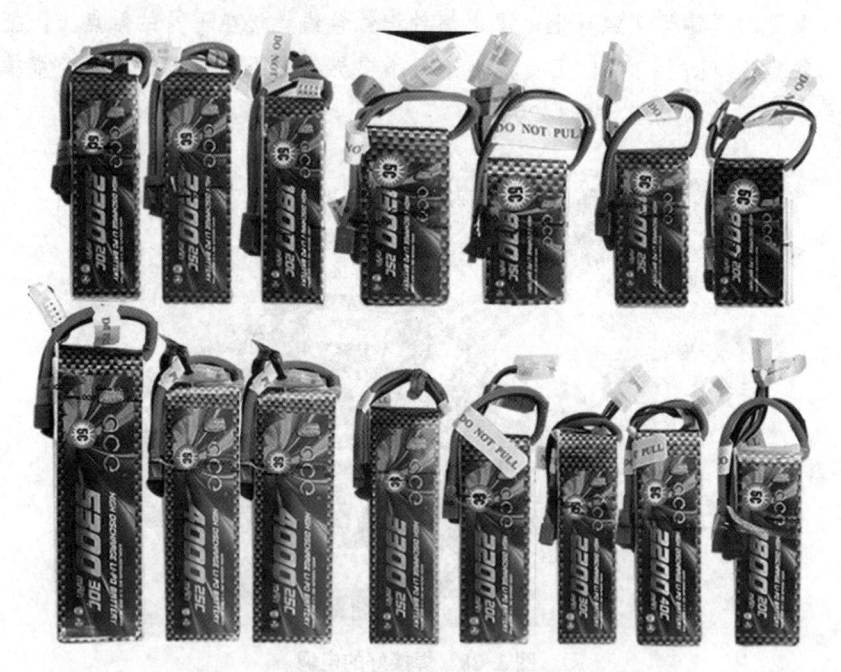

图 3-30　不同型号与容量的格式动力电池

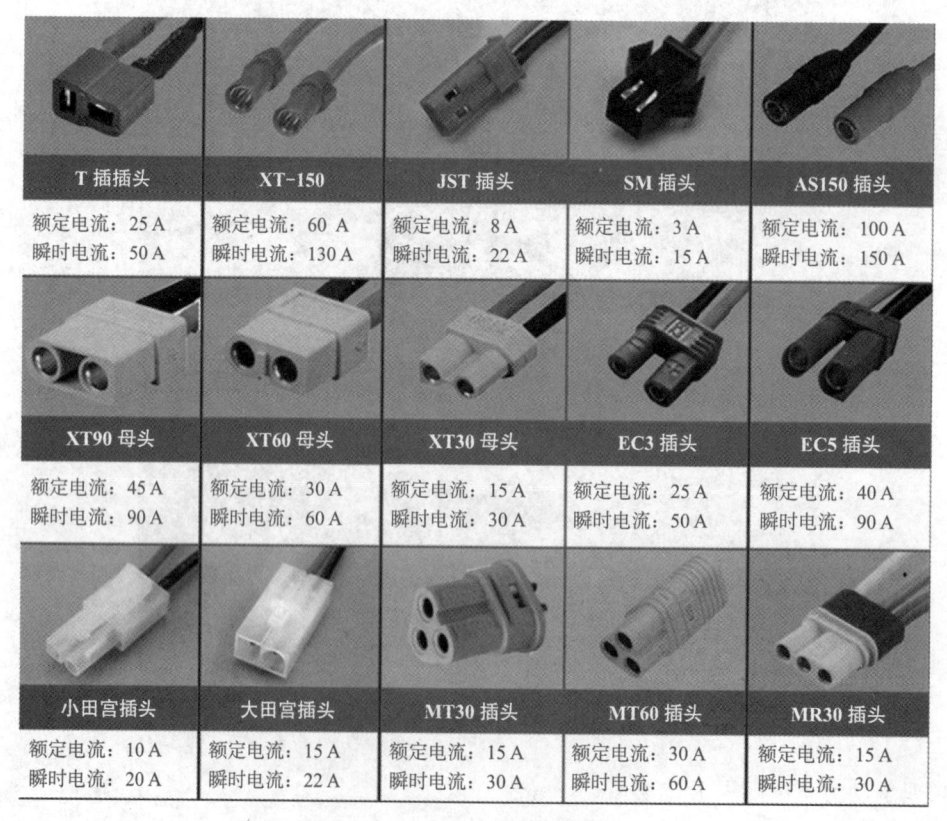

图 3-31　常见电池接头及参数

T 插插头	XT-150	JST 插头	SM 插头	AS150 插头
额定电流：25 A 瞬时电流：50 A	额定电流：60 A 瞬时电流：130 A	额定电流：8 A 瞬时电流：22 A	额定电流：3 A 瞬时电流：15 A	额定电流：100 A 瞬时电流：150 A
XT90 母头	XT60 母头	XT30 母头	EC3 插头	EC5 插头
额定电流：45 A 瞬时电流：90 A	额定电流：30 A 瞬时电流：60 A	额定电流：15 A 瞬时电流：30 A	额定电流：25 A 瞬时电流：50 A	额定电流：40 A 瞬时电流：90 A
小田宫插头	大田宫插头	MT30 插头	MT60 插头	MR30 插头
额定电流：10 A 瞬时电流：20 A	额定电流：15 A 瞬时电流：22 A	额定电流：15 A 瞬时电流：30 A	额定电流：30 A 瞬时电流：60 A	额定电流：15 A 瞬时电流：30 A

4. 了解螺旋桨特性

电动旋翼飞行器采用电机数量一般与旋翼的数量相同，即一台电机驱动一个旋翼，因此，电机数量主要取决于旋翼数量。不同型号电机需要对应型号的螺旋桨，且安装螺旋桨需要注意螺旋桨的正反转。根据拉力表选取合适的电机与螺旋桨进行匹配（表3-1、图3-32）。

表3-1 朗宇2212电机拉力表

桨叶规格 /in	电压 /V	负载电流 /A	拉力 /gf[①]	功率 /W	功效 /(g·W^{-1})[②]	全油门负载温度 /℃
APC9047	11.1	0.9	100	9.99	10.010 010 01	52
		2.1	200	23.31	8.580 008 58	
		3.6	300	39.96	7.507 507 508	
		5.2	400	57.72	6.930 006 93	
		7.1	500	78.81	6.344 372 542	
		9.2	600	102.12	5.875 440 658	
		10	650	111	5.855 855 856	
	14.8	0.7	100	10.36	9.652 509 653	
		1.6	200	23.68	8.445 945 946	
		2.8	300	41.44	7.239 382 239	
		4.2	400	62.46	6.435 006 435	
		5.5	500	81.4	6.142 506 143	
		7.2	600	106.56	5.630 630 631	
		8.9	700	131.72	5.314 303 067	
		10.9	800	161.32	4.959 087 528	
		13	900	192.4	4.677 754 678	
		14.9	1 020	220.52	4.625 430 8	
APC9045	11.1	0.9	100	9.99	10.010 010 01	52
		2.2	200	24.42	8.190 008 19	
		3.6	300	39.96	7.507 507 508	
		5.4	400	59.94	6.673 340 007	
		6.9	500	76.59	6.528 267 398	
		9.2	310	102.12	5.973 364 669	

① gf，拉力单位，指1 g质量的物质所受到的重力大小。
② g/W，功效单位，表示每瓦功率可拉升的质量。

续表

桨叶规格/in	电压/V	负载电流/A	拉力/gf①	功率/W	功效/(g·W⁻¹)②	全油门负载温度/℃
APC9045	14.8	0.7	100	10.36	9.652 509 653	52
		1.7	200	25.16	7.949 125 596	
		2.8	300	41.44	7.239 382 239	
		4.2	400	62.16	6.435 006 435	
		5.8	500	85.84	5.824 790 308	
		7.3	600	108.04	5.553 498 704	
		8.9	700	131.72	5.314 303 067	
		10.7	800	158.36	5.051 780 753	
		12.7	900	187.96	4.788 252 82	
		14.4	990	213.12	4.645 270 27	

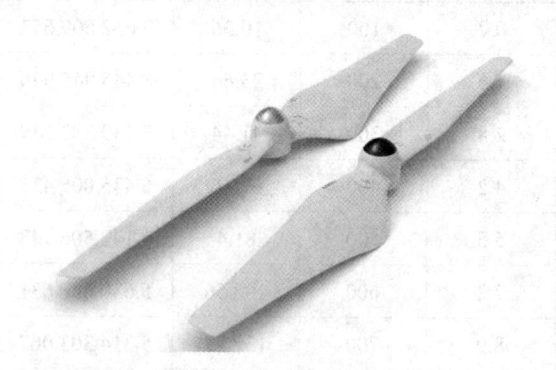

图 3-32 9045 自锁桨

认识电动无人机动力系统部件工卡，见表 3-2。

表 3-2 认识电动无人机动力系统部件工卡

工卡标题		认识电动无人机动力系统部件		
发动机类型	电动无人机动力系统	工种		
工时	2 h	工作区域	无人机实训室	
注意事项	注意用电安全，避免电池短路；使用焊台时，注意合理调节焊台温度，避免高温烫坏元器件			
编写/修订			批准	
日期			日期	

续表

器材清单						
序号	设备名称	单位	数量	工作者	检查者
1	F450 多旋翼无人机	台	1		
2	2212 无刷电机	个	1		
3	9045 螺旋桨	对	1		
4	30 A 无刷电调	个	1		
5	3S，2200 mAh 电池	块	1		
6	十字螺钉旋具	个	1		
7	恒温焊台	套	1		
8	螺栓胶	瓶	1		
9	内六角螺钉旋具	套	1		
工作任务					
工作准备				工作者	检查者
（1）将实训设备有序摆放					
（2）检查零部件是否完备					
无刷电机的安装				工作者	检查者
（1）将电机部件拆解完毕，有序摆放					
（2）滴一点螺栓胶在桨夹输出轴安装螺栓上					
（3）将主轴放在电机上，对好螺栓安装孔，把上了螺栓胶的螺栓插上去，用六角螺钉旋具拧紧在电机上					
（4）将 3 颗螺栓依次安装，安装时应依次拧紧，避免螺栓受力不均					
（5）将安装好的电机安装在机臂上					
无刷电调的安装				工作者	检查者
（1）将电调焊接在中心板上					
（2）焊接中心板焊点					
（3）将电调连接线焊接在中心板焊点上，注意用电烙铁把红色线焊接在 + 的触点上，把黑色线焊接在 − 触点上					
电池型号与参数				工作者	检查者
（1）根据电池标注读出电池常用参数					
（2）确认和记录电池插头的型号					

87

续表

工作任务		
螺旋桨特性	工作者	检查者
(1) 辨认螺旋桨旋转方向与常用参数		
(2) 将正反转螺旋桨依次安装在合适的电机上，注意不要装错		
结束工作	工作者	检查者
(1) 清点工具设备		
(2) 清扫现场		

项目 4
无人机电机和电调的分类与结构

【知识目标】

（1）掌握无人机电机的分类与结构；
（2）掌握无人机电调的分类与结构。

【能力目标】

（1）能区分有刷电机与无刷电机的差异；
（2）能分辨无人机电机的各个组成部分；
（3）能分辨有刷电调与无刷电调。

【素质目标】

（1）具有艰苦朴素的工作作风和迎难而上的工作信念；
（2）养成严谨细致的工作作风。

【学习导航】

本项目主要学习无人机电机和电调的分类与结构。

【问题导入】

电机在现代社会的使用极为普遍，如学校教室中的吊扇是由电机驱动的，工厂中的加工设备也是由电机驱动的，电动汽车更是由电机驱动的，甚至人们日常使用的打印机都是靠步进电机的驱动才能够正常工作，那么：

1. 这些性能各异的电机都分为哪些型号？它们各自都有什么特点？
2. 无刷电机和有刷电机有什么区别？
3. 舵机是否属于伺服电机？

带着这些问题，让我们开始本项目的学习吧。

电机的分类如图 4-1 所示。从图中可以看到，电机的种类是非常多的，分别应用在不同的场合，在无人机上所使用的电机主要是右上角的有刷电机与无刷电机。

直流电机可分为有刷直流电机和无刷直流电机，电调也可分为有无刷电调和无刷电调。有刷电调搭配有刷电机，无刷电调搭配无刷电机。

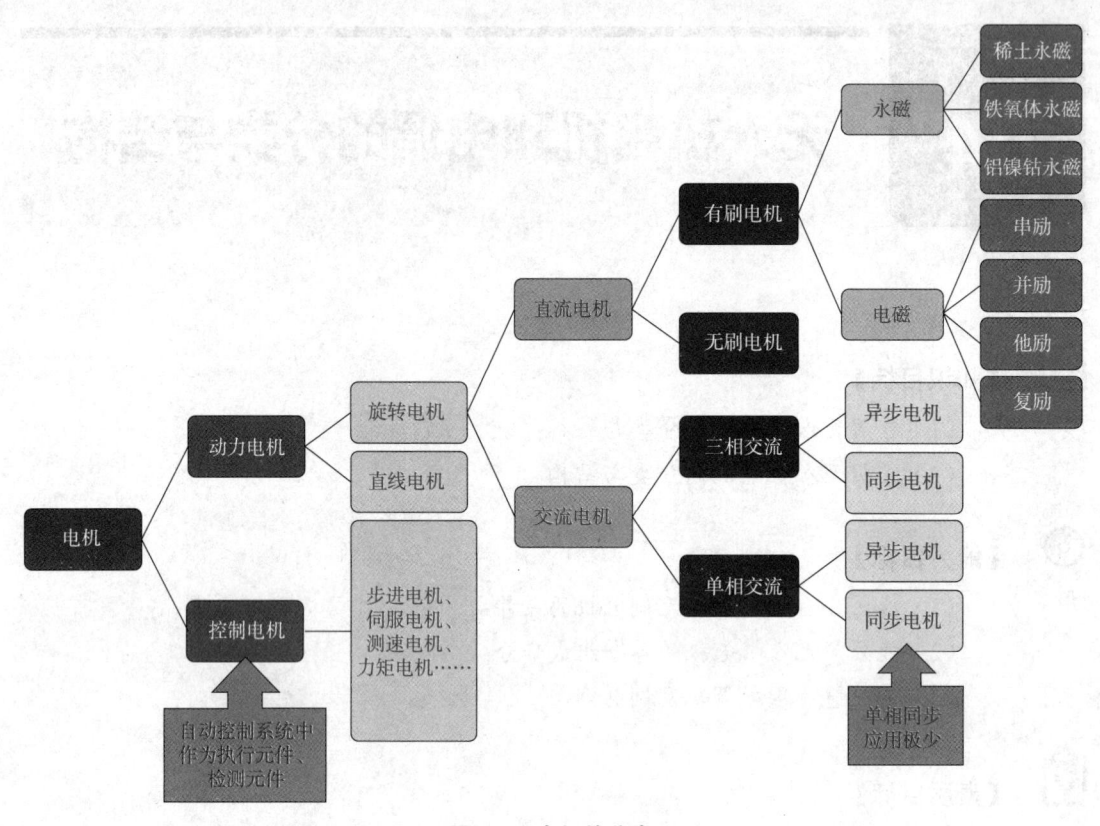

图 4-1　电机的分类

电机的分类及结构特点　　　　　　　　无刷电机与有刷电机的区别

4.1　有刷直流电机与电调的结构

4.1.1　有刷电机的结构

有刷电机是早期的电机，其是将磁铁固定在电机外壳或底座，成为定子，然后将线圈绕组，成为转子，模型采用的常见有刷电机都是3组绕线。图4-2所示的电机就是典型的有刷电机构造。

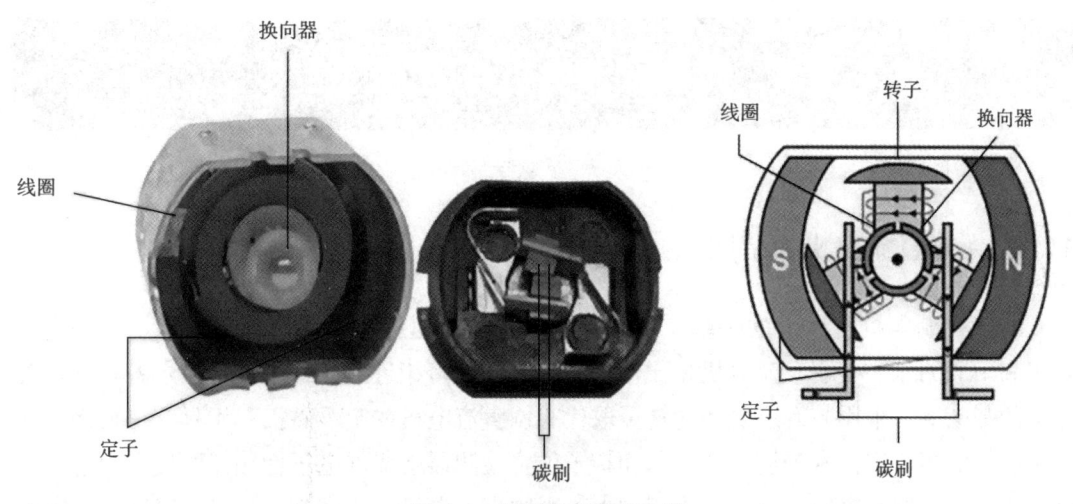

图 4-2　典型有刷电机构造

由图 4-2 可知，有刷电机最基本的组成部分除定子、转子外，还有碳刷，有刷电机因此也称为碳刷电机或有碳刷电机。碳刷通过与绕组上的铜头接触，让电机得以转动。但是由于高速转动时，会带来碳刷的磨损，因此，有刷电机需要在碳刷使用完毕之后更换。而铜头也会磨损，因此，在有碳刷时代的竞赛级电机，除更换碳刷外，还需要打磨铜头，让铜头保持光滑。更换碳刷后还需要磨合，让碳刷与铜头的接触面积最大化，以实现最大电流来提高电机的转速/扭矩。

4.1.2　有刷电调的结构

与有刷电机配套为无人机提供动力的是有刷电调，有刷电调是用来控制有刷电机转速的设备。有刷电调一般只有 4 根线，其中 2 根线是输入电源端，接到正负极。另外 2 根线是控制电机转速的输出端，接到电机的 2 个电极上。通过改变电流/电压和传导方向可以实现对有刷电机转速及正反的控制。图 4-3 所示的是 60 A 防水型有刷电调。

图 4-3　60 A 防水型有刷电调

4.2 无刷直流电机与电调的结构

4.2.1 无刷直流电机的结构

既然有刷电机有以上的弊端,于是无刷电机便应运而生,如图 4-4 所示。无刷直流电机和一般的永磁有刷直流电机相比,在结构上有很多相近或相似之处。在永磁有刷直流电机的基础上,采用装有永磁体的转子取代有刷直流电机的定子磁极,用具有三相绕组的定子取代电枢,用技术先进的逆变器和转子位置检测器组成的电子换相器取代有刷直流电机的机械换相器和电刷,就得到了三相永磁无刷直流电机。线圈固定后,可以通过引出的 3 根线让线圈产生变化的磁场。利用无刷电调,给线圈组对应地供电以产生相应的磁场,就可以实现不停地驱动磁铁转子保持转动,如图 4-5 所示。

图 4-4 无刷电机

图 4-5 无刷电机拆解

安装在无刷直流电机转子上的永久磁铁的性能,在很大程度上决定了电机的特性。目前采用的永磁材料主要有铝镍钴、钕铁硼等,根据磁感应强度和磁场强度呈线性关系这一特点,应用最为广泛的就是钕铁硼,它的线性关系范围最大,被称为第三代稀土永磁合金。

4.2.2 无刷直流电机的分类

按照无刷直流电机结构不同的情况,可以有以下几种分类方法。

1. 按照在转子上安装永磁体的方式分类

(1)外装式:将成型的永久磁铁装在转子外部。

(2)内装式:将成型的永久磁铁埋入转子内部。

2. 按照永久磁铁的形状分类

（1）扇形磁铁。永久磁铁的形状为扇形。扇形磁铁构造的转子具有电枢电感小、齿槽效应转矩小的优点，但易受电枢反应的影响，且由于磁通不可能集中、气隙磁密度低，电极呈现凹极特性。

（2）矩形磁铁。永久磁铁的形状为矩形。矩形磁铁构造的转子呈现凸极特性，电枢电感大、齿槽效应转矩大，但磁通可集中，形成高磁通密度，故适用大容量电动机。由于电动机呈现凸极特性，故可以利用磁阻转矩。此外，这种转子结构的永久磁铁，不易飞出，故可作为高速电机使用。

3. 按照每相励磁磁通势分布分类

（1）正弦波形。永磁同步电机每相励磁磁通势分布是正弦波形。稀土永磁体正弦波形电机一般作为三相交流永磁同步伺服电机使用。

（2）方波形。永磁同步电机每相励磁磁通势分布是方波形。通常稀土永磁方波形电机属于永磁无刷直流电机的范畴，但是这不是绝对的，究竟是三相永磁无刷直流电机还是三相永磁交流同步电机，主要取决于电机的控制系统的方式及电机的转子位置传感器的类型。

4.2.3 无刷电调的结构

无刷电机需要工作，就必然需要一个无刷电调，它能将直流电转化为三相交流电输给无刷电机。一般使用PWM（脉冲宽度调制）占空比来控制电机的转速。无刷电调输入端是2根线，接电源。但是无刷电调输出则需要3根线。图4-6所示为某型号的无刷电调。

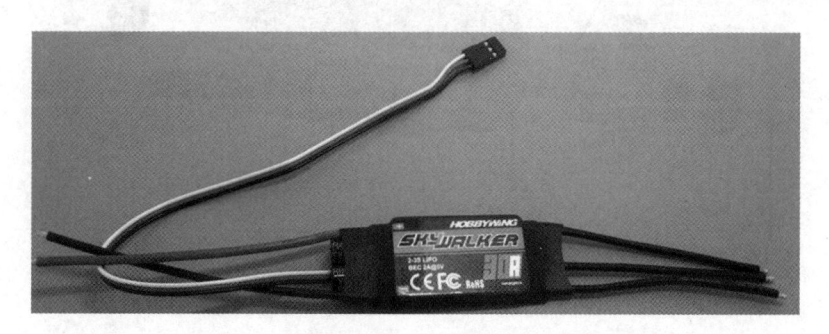

图 4-6　无刷电调

总结：无论是有刷电机还是无刷电机，基本原理都是通过线圈产生磁场，然后搭配永磁铁来驱动转子转动。有刷是把永磁铁做成定子，线圈做成转子；而无刷则是把线圈做成定子，永磁铁做成圆形的转子。

无刷电机必须使用无刷电调才可以，而有刷电机则需要使用有刷电调才可以。但是部分无刷电调可以通过改写内置程序，让输出的3根线桥搭成2根，用于驱动有刷电机。

4.3 空心杯电机

空心杯电机并不是中空的，空心的意思是中间没有传统电机的铁芯转子，线圈看起来就像个杯子，如图4-7所示。

图4-7 空心杯电机结构

空心杯电机是直流电机的一种特殊形式。它既可以做成无刷的，也可以做成有刷的。以直流有刷空心杯电机为例，如图4-8所示，作为一个电机，永磁体、线圈、换向器、碳刷一个都不能少，只是结构上和传统直流有刷电机（图4-9）完全不同。

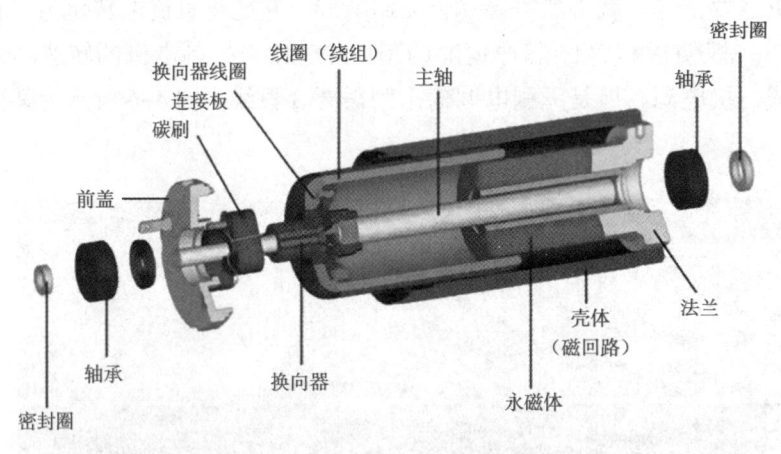

图4-8 直流有刷空心杯电机结构

空心杯电机最大的特点就是这个像杯子一样的线圈，没有其他支撑结构，完全由导线绕制而成，线圈通过连接板和换向器、主轴连接到一起，共同组成转子。一般情况下，连接板由塑料和环氧树脂组成，其作用是固定导线和传递力矩。线圈在磁铁和外壳之间的缝隙中旋转，从而带动整个转子旋转。空心杯电机在结构上突破了传统电机的转子结构形式，采用的是无铁芯转子，也称为空心杯形转子，如图4-10所示。

图 4-9　传统直流有刷电机结构

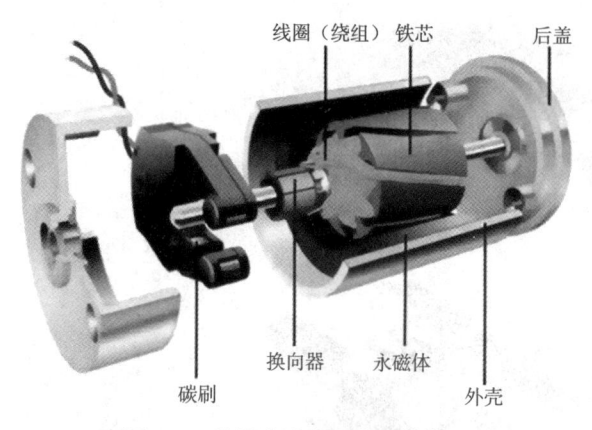

图 4-10　空心杯电机转轴

线圈带动转子旋转的结构彻底消除了由于铁芯形成涡流而造成的电能损耗，由于转子质量大幅减小，因此转动惯性减小，相比传统铁芯电机，大扭矩急加速、急减速性能突出。从整体来说，它具有体积小、效率高、功率密度高、可控性高、噪声小、散热效果好等优点。

由于没有铁芯支撑，线圈只能做得很薄，这也导致了线圈和输出轴的连接强度有限，因此整体不可能做得太大。转子结构如图 4-11 所示，底座结构如图 4-12 所示。一般空心杯电机最大功率为几百瓦。

图 4-11　空心杯电机转子结构

图 4-12　空心杯电机底座结构

综合看来，空心杯电机可以应用在需要快速响应的系统中，如导弹的飞行方向快速调节、相机快速自动调焦、工业机器人、仿生义肢等，在这些领域，空心杯电机能很好地满足其技术要求。

因为空心杯电机体积小，很多对体积有要求的商品都采用了空心杯作为动力元器件，如玩具车、航模、电动牙刷等。

正是因为具有这些特点，所以空心杯电机在小型无人机方面得到了广泛应用，如图 4-13 所示。

图 4-13 空心杯电机的应用

空心杯电机可分为有刷和无刷两种。有刷空心杯电机转子无铁芯[图 4-14（a）]，无刷空心杯电机定子无铁芯[图 4-14（b）]。绕组采用三角形接法。

上壳　碳刷　连接板　换向器线圈　　外壳　　轴承　永磁体　下壳　轴承密封圈

(a)

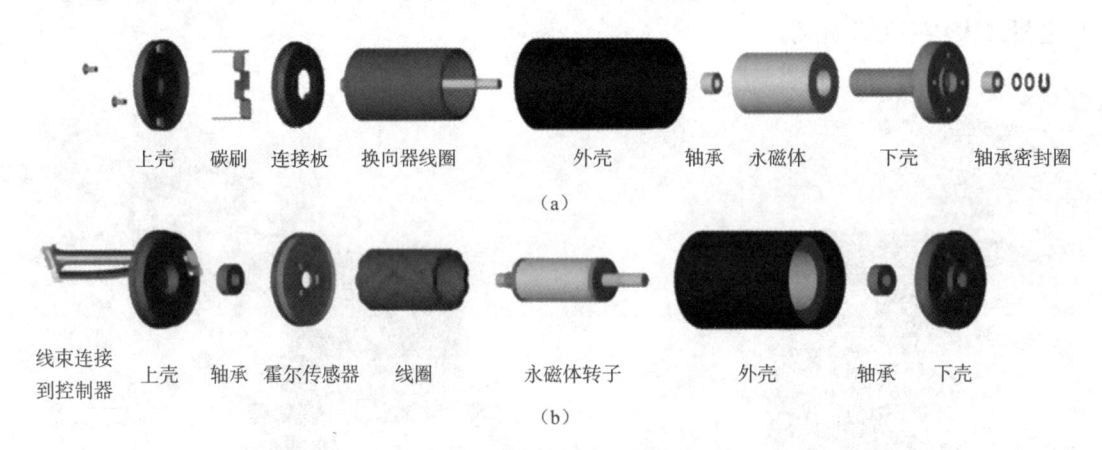

线束连接到控制器　上壳　轴承　霍尔传感器　线圈　永磁体转子　　外壳　　轴承　下壳

(b)

图 4-14 空心杯电机结构图
（a）有刷空心杯电机转子无铁芯；（b）无刷空心杯电机定子无铁芯

空心杯电机主要具有以下特性：

（1）节能特性：能量转换效率很高，其最大效率一般在 70% 以上，部分产品可达到 90% 以上（铁芯电机一般在 70%）。

（2）控制特性：启动、制动迅速，响应极快，机械时间常数小于 28 ms，部分产品可以达到 10 ms 以内（铁芯电机一般在 100 ms 以上）；在推荐运行区域内的高速运转状态下，可以方便地对转速进行灵敏调节。

（3）拖动特性：运行稳定性十分可靠，转速的波动很小，作为微型电机，其转速波动能够很容易地控制在 2% 以内。

另外，空心杯电机的能量密度大幅度提高，与同等功率的铁芯电机相比，其质量、体积减小 1/3 ～ 1/2。

无人机空心杯电机拆解

大疆 2312a 无刷电机绕线连接测试

【项目小结】

本项目主要讲述了无人机电机与电调的结构。

有刷电机的组成部分除定子、转子外，还有碳刷，有刷电机因此也称碳刷电机。与有刷电机配套为无人机提供动力的是有刷电调，有刷电调用来控制有刷电机转速。有刷电调一般只有 4 根线，其中 2 根是输入电源端，接到正负极，另外 2 根控制电机转速，接到电机的 2 个电极上。

无刷电机由定子、转子与底座组成。其可分为外转子无刷电机与内转子无刷电机，由于取消了碳刷的结构，相比有刷电机，其具有寿命长、噪声低的优点。无刷电调能将直流电转化为三相交流电输给无刷电机，一般使用 PWM（脉冲宽度调制）占空比来控制电机的转速。无刷电调的输入端是 2 根线，接电源，输出端是 3 根线，分别接无刷电机的 3 根引出线。

【巩固提高】

1. 简述电机的分类。
2. 简述无刷直流电机的分类。
3. 空心杯电机的主要特性有哪些？

【实训 4】

无刷电机绕组绕制

■ 任务描述

设计合适的绕制方案，选取适当线径的漆包线重新绕制 2212 无刷电机定子，将重新绕线的电机安装完成，进行拉力测试，验证定子绕制结果并记录拉力数据。

■ 任务目标

熟悉无人机无刷电机的工作原理及电机绕线方法（图 4-15），能够利用漆包线重新绕制定子，能熟练拆卸安装无刷电机，能利用电机拉力计完成拉力测试。

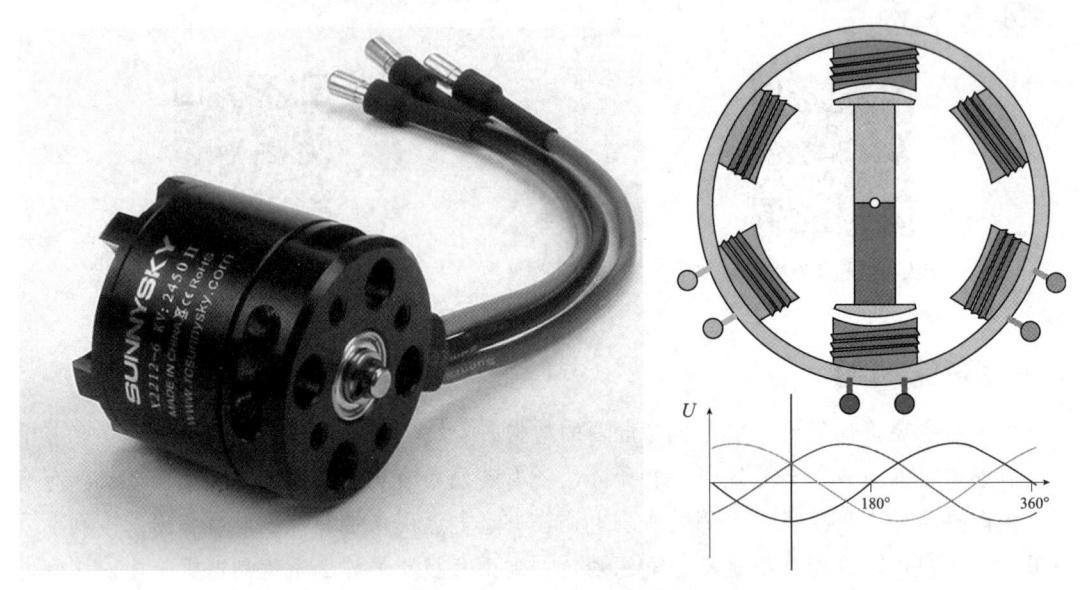

图 4-15　无刷电机原理图

■ 任务实施

一、无刷电机结构

无刷电机，简单来说，是由机座、定子铁芯、定子绕组、轴承、转轴、转子、永久磁铁等组成的（图 4-16）。

图 4-16　无刷电机结构

二、无刷电机绕线方法及步骤

选择适当的漆包线直径并确定好绕线匝数。出头接线：1头2尾 2头3尾 3头1尾。绕线顺序：1-2-7-8顺逆逆顺；3-4-9-10逆顺顺逆；5-6-11-12顺逆逆顺（图4-17）。

电机俯视图

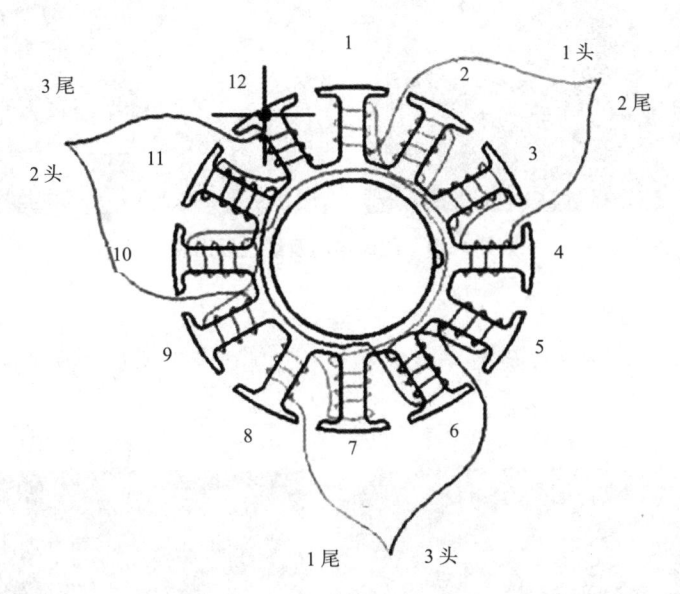

图4-17 无刷电机绕线方法

1. 线圈绕制

从1开始，按照"顺逆逆顺"顺序绕的时候拉紧，每一圈都要拉紧（图4-18）。

图4-18 线圈绕线方向

1、2、7、8槽绕完后，第一根漆包线的绕制就结束了，多余一点线头留待后面引出使用，然后再重新使用一根漆包线按照3、4、9、10的顺序进行绕制。注意，这一组是按照"逆顺顺逆"来进行绕制的。最后是5、6、11、12这一组，绕制顺序为"顺逆逆顺"，一共3组绕线。绕完之后会有6个线头，3入3出，1入合并2出，2入合并3出，

3入合并1出，两两绕制在一起，形成无刷电机的3根输出线（图4-19）。

图4-19　绕线走向及绕线后出现

2. 导线引出

如图4-20所示，将漆包线外层的胶水用小刀刮去，将其与硅胶线进行焊接，并用热缩管进行绝缘。

图4-20　导线的引出

3. 电机的组装与固定

将绕制好的定子固定在电机底座上，装上电机外转子，将卡簧安装在电机底部轴凹槽处，对电机进行固定（图4-21）。

图4-21　利用卡簧对电机进行固定

4.焊接香蕉头

用电烙铁将引出的三根硅胶线焊接上香蕉头，套上热缩管对漆包线进行绝缘（图 4-22）。

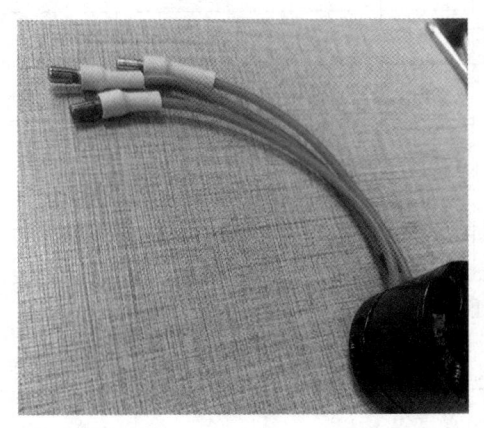

图 4-22 焊接香蕉头

无刷电机绕组绕制工卡见表 4-1。

表 4-1 无刷电机绕组绕制工卡

工卡标题	无刷电机绕组绕制			
电机型号	2212 无刷电机	工种		
工时	2 h	工作区域	无人机实训室	
注意事项	注意无刷电机的拆卸。 拆装卡簧时注意不要损坏配件。 拆卸定子时不要用力过猛，使底座变形。 漆包线的绕制方向与圈数。 上电测试时注意安全			
编写/修订			批准	
日期			日期	
器材清单				
序号	设备名称	单位	数量	工作者	检查者
1	恒温焊台	套	1		
2	1 000 W 热风枪	个	1		
3	2212 无刷电机	个	1		
4	尖头镊子	个	1		
5	M2 螺栓	个	4		
6	M3 卡簧	个	1		

续表

器材清单					
序号	设备名称	单位	数量	工作者	检查者
7	低温焊锡丝	卷	1		
8	高温硅胶线	m	1		
9	3 mm 热缩管	m	1		
10	3 mm 香蕉头	个	3		
11	0.7 mm 漆包线	卷	1		
工作任务					
工作准备				工作者	检查者
(1)准备好相关的工具				
(2)按照材料表检查材料的种类与数量是否齐全				
(3)检测材料的好坏				
工作实施				工作者	检查者
(1)领取实训所需工具及零配件				
(2)将工具及零配件摆放整齐				
(3)利用镊子和钳子拆卸电机的卡簧				
(4)将卡簧拆卸放置于一侧				
(5)将电机外壳取下				
(6)将3个螺栓分别拧入底座螺栓孔,用垫片垫住				
(7)依次均匀拧动螺栓,使定子松动				
(8)将定子与底座分离,将底座置于一侧				
(9)按照漆包线的绕制方向依次将漆包线拆卸开				
(10)拆卸漆包线过程中注意记录绕制方向及圈数				
(11)用游标卡尺测量漆包线的直径				
(12)将定子完整地拆卸开				
(13)按照拆卸漆包线的长度与直径截取相应长度的漆包线				
(14)按照原来漆包线的绕制方向与圈数将漆包线绕在定子上				
(15)绕制过程中注意标注起始端与尾部,以及1、2、3相				
(16)将绕组端子按照A头B尾、B头C尾、C头A尾的分组两两连接				

续表

工作任务			
工作实施		工作者	检查者
（17）将电机3个出头穿过底座引出			
（18）将电机3个出头焊接上香蕉头			
（19）将定子安装在底座上			
（20）将外壳与底座通过主轴相连			
（21）将卡簧卡在主轴上，完成电机的安装			
（22）将3个香蕉头短接，用手转动外壳，判断电机接线是否正确			
（23）将电机安装在拉力测试台上			
（24）将测试台通电进行电机拉力测试			
（25）记录电机拉力数值，与原有电机参数进行比对			
（26）测试完成拆卸下电机			
结束工作		工作者	检查者
（1）清点工具			
（2）清扫现场			

项目 05 无刷直流电机与电调的参数

【知识目标】

（1）掌握无刷直流电机的基本参数；
（2）掌握无刷电调的基本参数；
（3）掌握选配电调的基本原理。

【能力目标】

（1）能根据无刷直流电机的基本参数确定电机的应用范围；
（2）能根据无刷直流电机的需求搭配合适的电调。

【素质目标】

（1）具有艰苦朴素的工作作风和迎难而上的工作信念；
（2）具备一定的创新意识；
（3）养成严谨细致的工作作风。

【学习导航】

本项目主要学习无刷直流电机与电调的参数。

【问题导入】

对于多旋翼无人机来说，小型无人机通常使用有刷电机，如空心杯电机；而轴距较大，通常大于 200 mm 左右的无人机都使用无刷电机。无刷电机采用半导体开关器件来实现电子换向，具有可靠性高、无换向火花、机械噪声低等优点，在电动无人机上获得了普遍应用，那么：

1. 我们常说的 2204、2212 电机究竟表示什么意思？
2. 无刷电机的选用主要参考哪些参数？
3. 无刷电调在选配过程中主要考虑哪些参数？

5.1 无刷直流电机的参数及对比

5.1.1 常见参数

电机常见参数包括 T 数、转速、无刷电机 KV 值、型号、输出轴径、最大电流和最大功率、槽极结构。

1. T 数

T 是 Turn 的缩写，意思是线圈绕了多少圈，如线圈绕了 21 圈，则称为 21 T。某些品牌使用 R，R 是 Round 的缩写，意思也是绕线圈数。

有刷电机因为绕线都是从铜头开始、在铜头处结束的，因此，有刷都是整数圈，如 20 T、30 T 等。

无刷电机因为结构限制，常见都是从输入端开始，结束于另外一侧，因此，常见都是多半圈，于是大多数都是 4.5 T、8.5 T、21.5 T。也有一些结构比较特殊的是整数圈，如 4 T，这种整数圈的相对很少。

无论是有刷电机还是无刷电机，同系列相同尺寸的情况下，都是线圈数越少，流过电机的电流越大，则电机的扭矩也越大，耗电与发热越高，越能提供更强劲的动力输出。选择什么 T 数，则是根据需要进行搭配，还要牵涉到齿轮比的搭配。

无刷电机和有刷电机之间的 T 数对应关系：一般我们认为，无刷电机的 T 数乘以 2～2.5 的某个数得出的数值，就是这个数值 T 数的有刷，与这个无刷 T 数的功率与扭矩比较接近。比如，一个 8.5 T 的无刷电机，就是与 17～21 T 的有刷电机接近；再比如，一个 21.5 T 的无刷电机与一个 43～55 T 的有刷电机接近。

2. 转速

有刷电机有些会标出转速，如 30 000 RPM @ 7.2 V，意思则是 7.2 V 时电机可以实现 30 000 r/min 的空载转速。

3. 无刷电机的 KV 值

无刷电机的 KV 值是指电压每增加 1 V，电机的转速增加多少 RPM，如 3 000 KV 意思为每提高 1 V 的电压，可以让电机转速增加 3 000 RPM。因此，可以换算得到这个电机在 8.4 V 满电的锂电下，转速是 8.4×3 000=25 200（RPM）。

无刷电机一旦做好，其 T 数和 KV 值则是固定的，如某品牌某型号的 8.5 T 是 4 000 KV，10.5 T 是 3 300 KV。于是，无刷电机在销售时有些会只标 T 数，或者只标 KV 值，并非所有型号都会标上 T 数和 KV 值，但是在规格参数中基本都会有这两项。标 T 数的，主要是 3650 的电机，其他类型的则主要标 KV 值，这是国际惯例。

KV 值小，适合带慢速大桨；KV 值大，适合带快速小桨。

4. 型号

无刷电机常规的型号有 2212、2217、2208 等。前两个数字是指电机定子外径，后两个数字是指电机定子高度，如图 5-1 所示。

图 5-1　无刷电机的尺寸

5. 输出轴径

电机需要带动桨叶转动，要输出动力，自然是需要靠输出的那根轴来带动桨叶转动，于是，这根输出轴的尺寸就成了必须考虑的因素。常见的轴径有 2 mm、3.175 mm、5 mm、8 mm。

6. 最大电流和最大功率

最大电流：电机能够承受并安全工作的最大电流。

最大功率：电机能够承受并安全工作的最大功率。

每个电机都有自己的力量上限，最大功率就是这个上限，如果工作情况超过了这个最大功率，就会导致电机高温烧毁。当然，这个最大功率也是在指定的工作电压情况下得出的，如果是在更高的工作电压下，最大功率也将提高。这是因为导体的发热与电流的平方成正比关系。在更高的电压下，如果是同样的功率，电流将下降，导致发热减少，使得最大功率增加。

这也解释了为什么在专业的航拍飞行器上，大量使用 22.2 V 甚至 30 V 电池来驱动多轴飞行器，高压下的无刷电机，电流小、发热小、效率更高。

7. 槽极结构（N：槽数，P：极数）（图 5-2）

模型常见的内转子无刷电机结构有 3N2P（有感电机常用）、12N4P（大部分内转子电机）。

模型常见的外转子无刷电机结构有 9N6P、9N12P、12N8P、12N10P、12N14P、18N16P、24N20P。

模型用内转子无刷电机极数不高的原因：目前内转子电机多用于减速，所以要求的转速都比较高。电子转速 = 实际转速 × 电机极对数，电子控制器支持的最高电子转速往往都是一个定数，如果电机极对数太高，支持的最高电机转速就会下降，所以目前的内转子电机极数都在 4 以内。

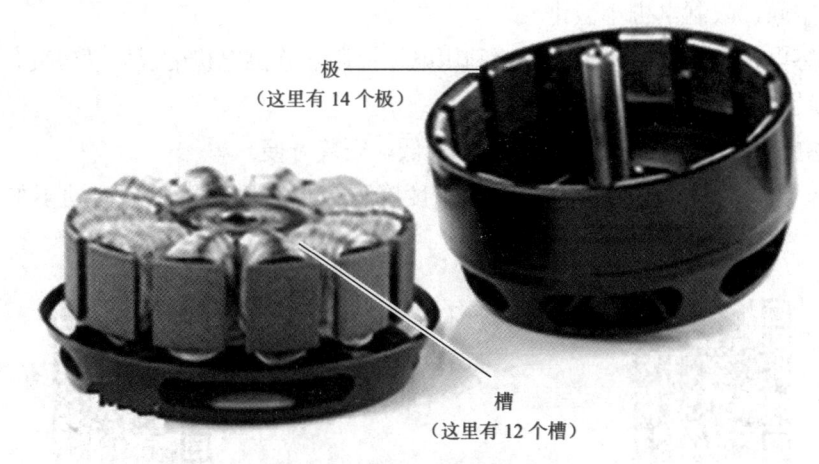

极
（这里有 14 个极）

槽
（这里有 12 个槽）

图 5-2　无刷电机的槽极结构

12N4P 内转子电机属于整数槽电机，大量应用于模型内转子电机，电机使用单层绕组分布绕线。

模型用外转子无刷电机都是分数槽电机，其结构特点和性能如下：

（1）N 必须是 3 的倍数，P 必须是偶数（磁钢必须是成对的，因此必须是偶数）。

（2）P 数越小，最高转速越高，如 12N10P 的最高转速肯定高于 12N16P；反之亦然。

（3）N 比 P 大，则相对转速更高，如 9N6P 最高转速肯定高于 9N12P；反之亦然。

（4）同样的 N，P 越大，扭力越强。12N16P 扭力 >12N14P 扭力 >12N10P 扭力。

（5）N 和 P 之间不能整除，如 12N6P 的结构是错误的。

外转子槽极结构电机应用领域：9N6P 减速使用于 400～500 级别的直升机模型及小型涵道飞机；9N12P 直驱使用于小型固定翼无人机或其他模型；12N8P 减速使用于 500～700 直升机模型或直驱使用于中大型涵道；12N10P 减速使用于 600～800 直升机模型；12N14P 直驱使用于大部分固定翼无人机和船模；高于 12 槽结构的无刷电机多见于多轴飞行器。

5.1.2　相关对比

1. 有感电机与无感电机对比

（1）有感电机：传统的无刷电机都安装有霍尔传感器，利用霍尔传感器检测转子位置实现转向。

1）有感电机的优点：运转精度高、启动平稳。

2）有感电机的缺点：

① 在高温、振动等条件下，由于传感器的存在，使系统的可靠性降低。

② 传感器连接线多，不便安装，易引起电磁干扰。

③传感器的安装精度直接影响电机运行性能，特别是在多极电机，安装精度难以保证。

④占用空间，限制电机小型化。

（2）无感电机：去除霍尔传感器，利用电子控制器检测电机的反电动势变化来确定转子位置实现转向。

1）无感电机的优点：结构简单、成本较低、安装方便。

2）无感电机的缺点：转子位置检测精度降低，运转精度降低，启动不如有感电机平稳。

电机 KV 型号选择　　　　　　　　　　　**有感电机与无感电机的区别**

2. 外转子无刷电机与内转子无刷电机对比

（1）外转子无刷电机：电机的转动部分设计在外侧，静态部分设计在内侧。

1）外转子无刷电机的优点：转动惯量大、转动平稳、转矩大、磁铁好固定。

2）外转子无刷电机的缺点：电机外壳有散热通风口，外部杂物容易进入电机内部，影响运转。

（2）内转子无刷电机：电机的工作转动部分设计在内侧，静态部分设计在外侧。

1）内转子无刷电机的优点：电机内部与外部隔绝，避免外部杂物进入内部。

2）内转子无刷电机的缺点：扭矩不如外转子无刷电机，磁铁固定较为复杂，没有散热孔，船模用需借助水冷散热。

通常，外转子无刷电机用于航模较多；内转子无刷电机用于车模与船模较多。

5.2　无人机电调的参数

动力电机的调速系统统称为电调，全称为电子调速器（Electronic Speed Controller，ESC），分为有刷电调和无刷电调。电调的连接如下（图 5-3）：

（1）两根较粗的输入线与电池的正负极相连；

（2）输出线（有刷 2 根 / 无刷 3 根）与电机连接；

（3）信号线（杜邦线）与接收机或飞控连接。

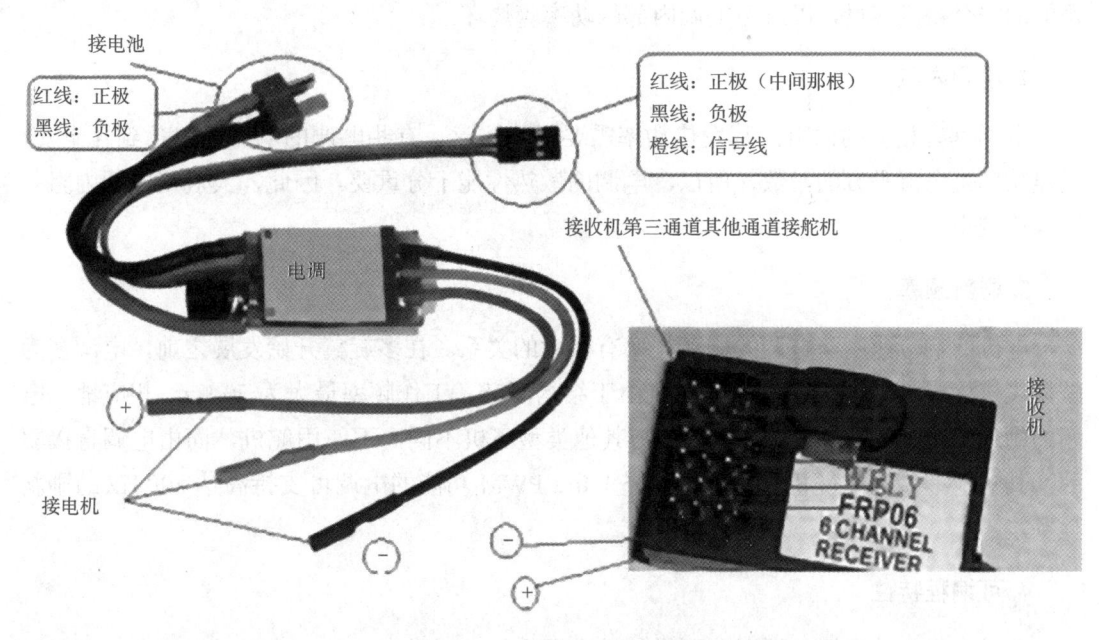

图 5-3 无刷电调的连接

电调一般有电源输出功能（BEC），即在信号线的正负极之间有 5 V 左右的电压输出，通过信号线为接收机或飞控供电，如图 5-4 所示。特别注意：有些飞控需要去掉 BEC，如大疆 NAZA 飞控有专用的 PMU 单元为飞控供电，所以，电调没有 BEC。

图 5-4 电调的内部电路

1. 电流

无刷电调最主要的参数是电调通过的最大电流，通常以安（A）来表示，如 20 A/40 A/60 A/80 A 等。不同电机需要配备不同最大电流的电调，一般电调的最大电流要大于电机的最大电流，最大电流不足会导致电调甚至电机烧毁。

选择电调型号的时候，一定要注意电调最大电流的大小是否满足要求，是否满足留有足够的安全裕度容量，以避免电调内部的功率管烧坏。

2. 电调内阻

电调具有相应的内阻，其发热功率需要得到注意。有些电调的电流可以达到几十安，发热功率是电流平方的函数，所以，电调的散热性能十分重要。因此，大规格电调内阻一般都比较小。

3. 刷新频率

电机的响应速度与电调的刷新频率有很大的关系。在多旋翼开始发展之前，电调多为航模飞机而设计，航模飞机上的舵机由于结构复杂，工作频率最大为 50 Hz。相应地，电调的刷新频率也都为 50 Hz。多旋翼与其他类型飞机不同，不使用舵机，而由电调直接驱动，其响应速度远超舵机。目前，具备 Ultra PWM 功能的电调可支持高达 500 Hz 的刷新频率。

4. 可编程特性

通过内部参数设置，可以达到最佳的电调性能。通常有三种方式来对电调参数进行设置：通过编程卡直接设置电调参数；通过 USB 连接，用计算机软件设置电调参数；通过接收器，用遥控器摇杆设置电调参数。

设置的参数包括以下几项：

（1）安全上电功能：接通电源时，无论油门摇杆处于任何位置，均不会立即启动电机，避免造成人身伤害。

（2）油门行程校调功能：适应不同遥控器油门行程的差别，提高油门响应的线性度。

（3）程序设定项目（可用遥控器油门摇杆或 LED 参数设定卡设置）：

1）刹车设定：无刹车 / 有刹车；

2）电池类型：锂电池 / 镍氢；

3）低压保护模式：软关断 / 硬关断；

4）低压保护阈值：低 / 中 / 高；

5）启动模式：普通 / 柔和 / 超柔和启动；

6）进角：低 / 中 / 高；

7）恢复出厂默认值。

（4）全面的保护功能：

1）欠压保护：由用户通过程序设定，当电池电压低于保护阈值时，电调会自动降低输出功率；

2）过压保护：输入电压超过输入允许范围不予启动，自动保护，同时发出急促的"哔哔"告警声；

3）过热保护：内置温度检测电路，MOS 管温度过高时，电调自动关断；

4）遥控信号丢失保护：遥控信号丢失 1 s 后降低功率，再有 2 s 无遥控信号，则关闭输出。

5.3　无人机电调参数设置

下面以无刷电调为例，说明电调参数的设置方法。

（1）正常使用开机过程说明，如图 5-5 所示（注意：对于支持 6 节锂电的电调，在 123 提示音符后，将鸣报 n 声短促的"哔"音，表示电调认为电池组有 n 节锂电单体。如电调判断是 6 节锂电，将发出 6 声"哔"音）。

开启遥控器，将油门打到最高点 → 将电调接上电池，等待2s → "哔–哔–"油门最高点确认音 → 将油门推到最低，等待1s → "哔–"油门最低点确认音 → 开始奏乐，此时可以起飞！

图 5-5　电调开机过程

（2）油门行程设定说明，如图 5-6 所示（注意：当第一次使用或电调搭配其他遥控器使用时，均应重新设定油门行程，其他时候则不使用）。

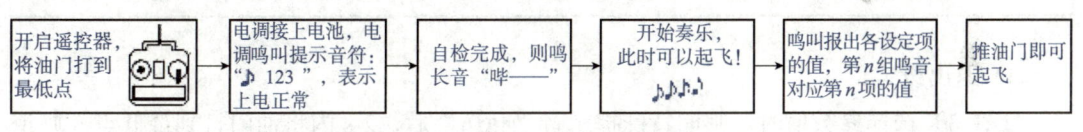

开启遥控器，将油门打到最低点 → 电调接上电池，电调鸣叫提示音符："♪ 123"，表示上电正常 → 自检完成，则鸣长音"哔——" → 开始奏乐，此时可以起飞！ → 鸣叫报出各设定项的值，第 n 组鸣音对应第 n 项的值 → 推油门即可起飞

图 5-6　油门行程设定

（3）使用遥控器编程设定说明。使用遥控器油门摇杆设定参数分为以下四个步骤：

1）进入编程模式（类似使用计算机时打开程序的操作）：

①开启遥控器，将油门打到最高点，电调接上电池。

②等待 2 s，鸣叫"哔–哔–"提示音。

③再等待 5 s，会鸣叫"56712"特殊提示音，表示已经进入编程模式。

2）选择设定项（类似于使用计算机时选择菜单的操作）：进入编程设定后，会听到 8 种鸣叫音，按如下顺序循环鸣叫。在鸣叫某个提示音后，3 s 内将油门打到最低点，则进入该设定项。

①"哔–"　　　　　　　刹车　　　　　　（1 短音）
②"哔–哔–"　　　　　　电池类型　　　　（2 短音）
③"哔–哔–哔–"　　　　低压保护方式　　（3 短音）

④ "哔-哔-哔-哔-"　　低压保护阈值　　（4短音）
⑤ "哔——"　　　　　　启动模式　　　　（1长音）
⑥ "哔——哔-"　　　　进角　　　　　　（1长1短）
⑦ "哔——哔-哔-"　　恢复出厂默认值　（1长2短）
⑧ "哔——哔——"　　退出　　　　　　（2长音）

注：一声长音"哔——"相当于5声短音"哔-"，所以在第二步"选择设定项"中，一长一短"哔——哔-"表示第⑥个设定项。

3）选择参数值（类似于使用计算机时在菜单下选择具体功能的操作）：电机会循环鸣叫，在鸣叫某个提示音后将遥控器打到最高点，则选择该提示音所对应的设定值，接着鸣叫特殊提示音"1515"，表示已选择了该参数值，且已保存，参见表5-1（此时如果不想再设定其他设定项，则在2 s内将油门打到最低，即可快速退出编程设定；如果还要设定其他选项，则继续等待，退回第二步骤，选择其他设定项）。

表5-1　电调设定参数表

提示音设定项	"哔-"1声	"哔-哔-"2声	"哔-哔-哔-"3声
刹车	无刹车	有刹车	
电池类型	锂电池	镍镉/镍氢	
低压保护方式	降低功率	关闭动力	
低压保护阈值	低	中	高
启动模式	普通启动	柔和启动	超柔和启动
进角	低	中	高

4）退出设定。

①在3）选择参数值时，鸣叫特殊提示音"1515"后，2 s内将油门打到最低点，则退出设定。

②在2）选择设定项时，当电机鸣叫出"哔——哔——"（即第⑧个设定项）两长音后，3 s内将油门打到最低点，则退出设定。

无刷电机和电调的工作原理　　　无人机电机的基本参数　　　无人机电调的基本参数

【项目小结】

本项目主要讲述了无刷电机与无刷电调的常见参数。

无刷直流电机常见参数有 T 数、转速、无刷电机的 KV 值、型号、输出轴径、最大电流和最大功率、槽极结构。这些参数决定着无刷直流电机的特性。无刷电机常用数字来表示型号，前两个数字是指电机定子外径，后两个数字是指电机定子高度，如 2204、2212 等。它的转速一般用 KV 值来表示，KV 值是指电压每增加 1 V，电机的转速增加多少转 / 分（RPM），无刷电机有最大功率和工作电压，超载或超压使用都容易烧毁电机。

无刷电调最主要的参数是电调通过的最大电流，通常以 A 来表示，如 20 A/40 A/60 A/80 A 等。一般电调的最大电流要大于电机的最大电流，最大电流不足会导致电调烧毁。电调的内阻决定了其发热量的大小，刷新频率决定着电调的响应速度，电调可以用编程卡或遥控器对其进行参数设置，也可以在连上飞控后在电调调参软件里进行各种参数的设置。

【巩固提高】

1. T 数、转速、无刷电机的 KV 值的含义是什么？
2. 有感电机与无感电机的优点、缺点分别是什么？
3. 电调的参数主要有哪些？这些参数分别代表什么含义？

【实训 5】

利用 BLHeliSuite 软件进行电调参数设置

■ 任务描述

穿越机电调大部分使用了性能卓越的 BLHeliSuite 固件，相比普通电调，支持更多高速协议，操控更加平滑，响应更快。早期的 BLHeliSuite 支持的协议有 oneshot125、oneshot42、Multishot 三种协议，相比普通电调的 PWM 协议，延时更低。数字化协议包括 Dshot150、Dshot300、Dshot600、Dshot1200，这些协议使用数字信号进行通信，相比普通模拟信号的协议更加精准，甚至不用进行油门校准。最新推出的双向 Dshot 则可以通过信号线或专线回传转速信息，提高滤波精度，使飞行手感更上一层楼。

■ 任务目标

通过使用 BLHeliSuite 软件对电调进行参数设置，可以帮助学生了解和熟悉无刷电调的具体参数及调节流程，为工作中更好地使用和维护电调打下扎实的基础。

■ 任务实施

一、设备工具

实训设备器材清单见表 5-2。

表 5-2 实训设备器材清单

序号	设备名称	型号及参数	单位	数量	备注
1	无刷电调	四合一无刷电调	块	1	
2	穿越机飞控	F3 以上型号飞控	个	1	
3	计算机	能流畅运行地面站	台	1	

二、连接电调

首先确保计算机安装了最新版本的 BLHeliSuite 软件。

准备工作：

(1) 关闭 Betaflight 地面站；

(2) 拆卸螺旋桨；

(3) 确保电调与飞控正确安装；

(4) 用数据线连接飞控与计算机；

(5) 给飞机上电（进行此操作前，请拆卸螺旋桨以确保安全）；

(6) 确认电调是 16 位还是 32 位，16 位使用 BLHeliSuite 软件，32 位则使用 BLHeliSuite32。

以主流 32 位电调为例，一切准备就绪后，打开 BLHeliSuite32 软件来到初始页面（图 5-7）。

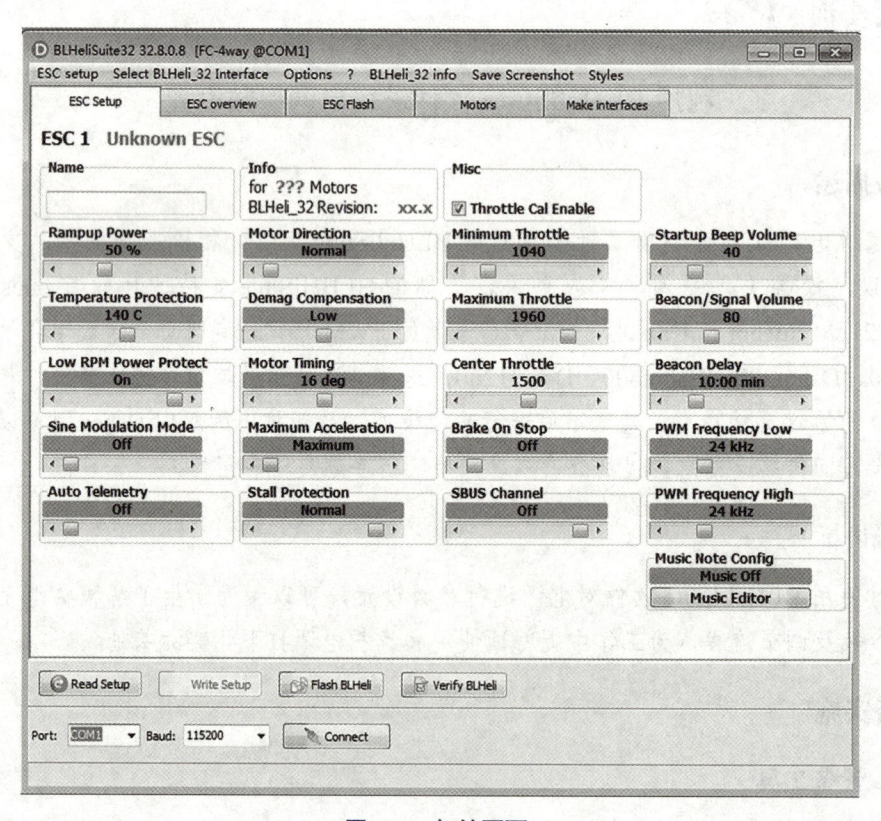

图 5-7 初始页面

在 Port 栏目，选择与飞控相关的 COM 口（它经常以飞控型号开头）(图 5-8)。

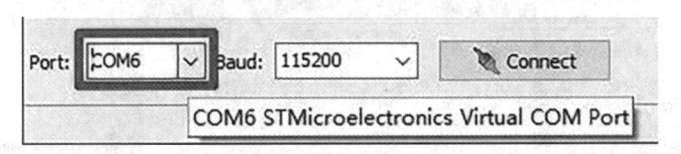

图 5-8　选择 COM 口

单击"Connect"按钮以连接飞控（图 5-9）。

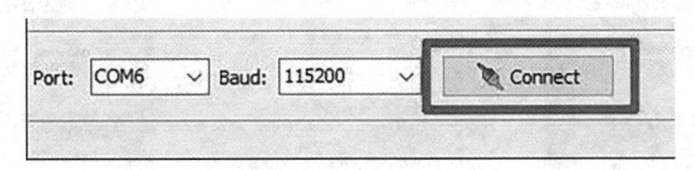

图 5-9　连接飞控

此时右下角会出现"Check"按钮（图 5-10）。

图 5-10　连接电调

单击"Check"按钮以连接电调，等待软件弹出四个电调信息即可。如图 5-11 所示，此时软件认出四个电调 ESC#1~4，则为正确连接。如果软件没有认出四个电调，只显示了三个甚至两个，则可以通过不断单击"Check"按钮的方法尝试解决。

115

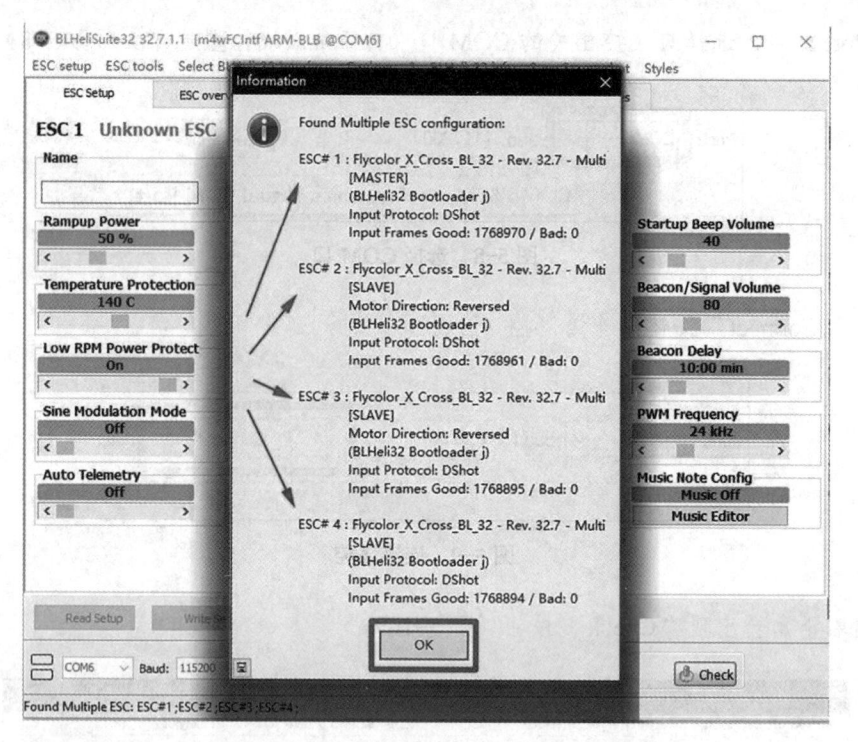

图 5-11 读取电调信息

如果在连接过程中弹出图 5-12 所示的错误信息，则代表端口占用，检查是否有其他软件占用了飞控的端口，如地面站等。

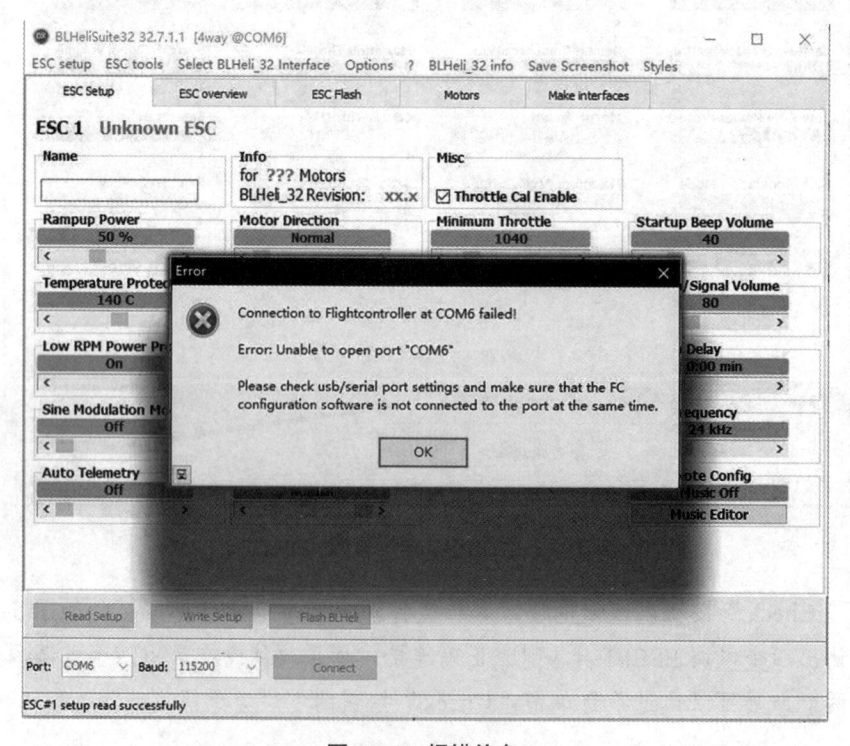

图 5-12 报错信息

三、电调固件升级

正确连接电调后，则可以通过 BLHeliSuite 软件将电调升级为与软件相同的版本，操作如图 5-13 所示，单击"Flash BLHeli"按钮。

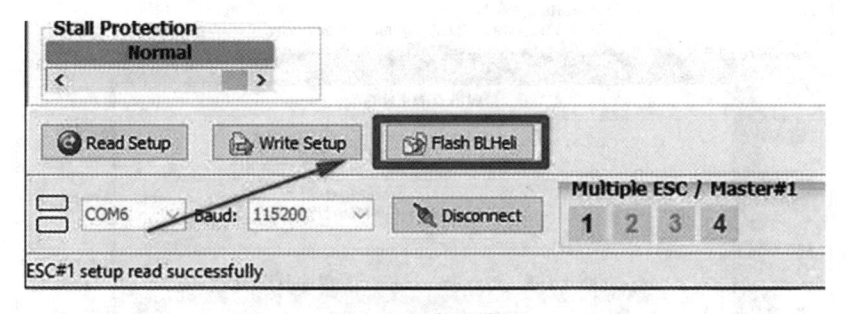

图 5-13　电调升级

在弹出的页面确认电调型号是否为软件自动识别的型号，确认无误后单击"OK"按钮（图 5-14）。

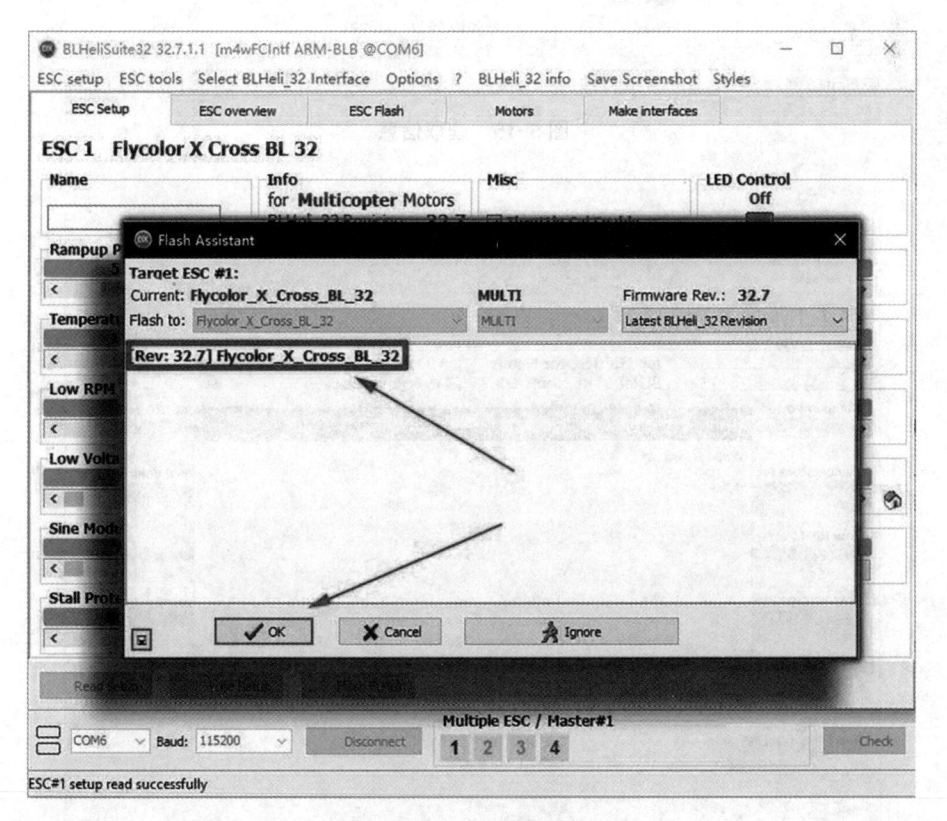

图 5-14　升级确认按钮

再次确认信息，并单击"Yes"按钮进行下一步（图 5-15）。

等待软件读条，如图 5-16 所示。

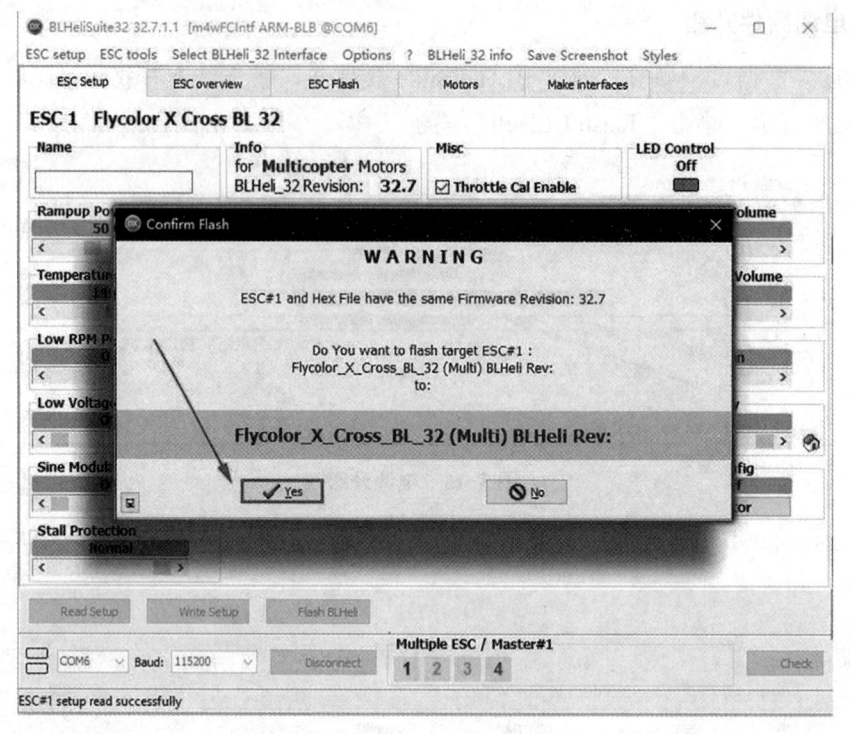

图 5-15　读取信息

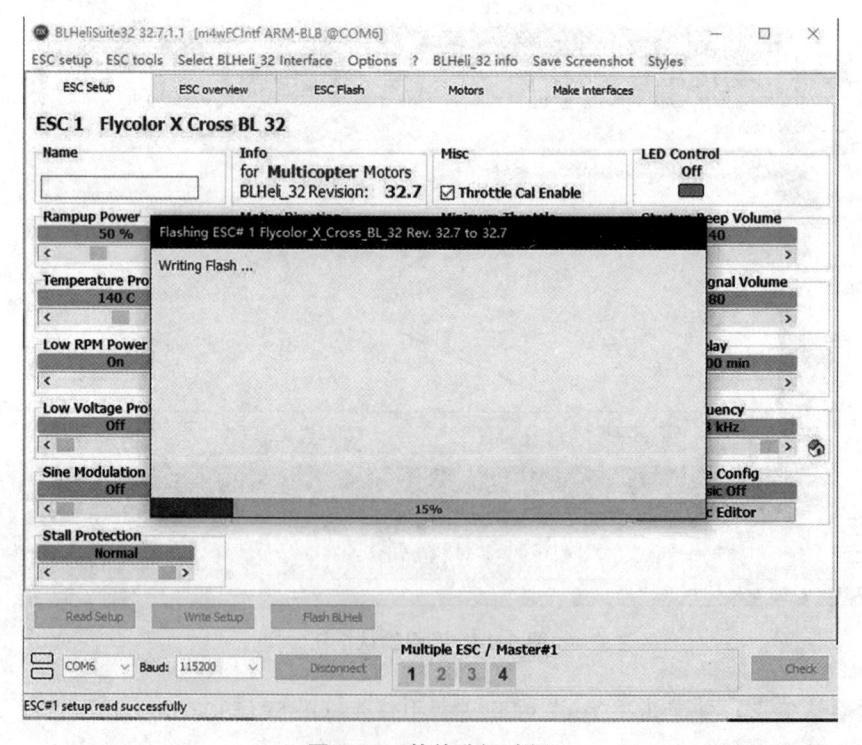

图 5-16　软件升级过程

在之后的对话框依次单击"Yes"与"OK"按钮即可（图 5-17、图 5-18）。

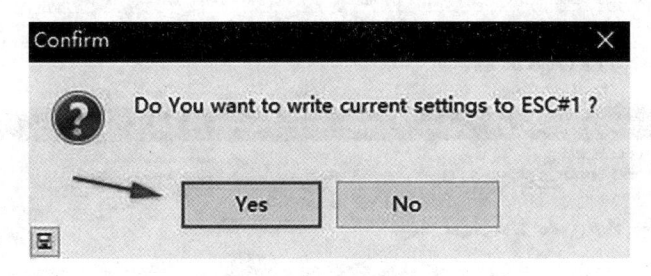

图 5-17　确认按键

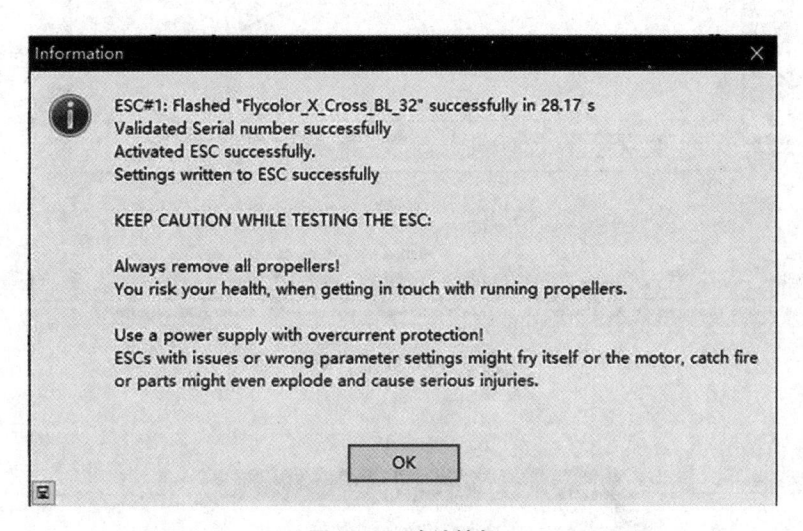

图 5-18　确认按钮

此时一号电调升级完毕，软件会自动弹出二号电调的升级菜单，重复上述步骤直至四个电调全部升级完成即可（图 5-19）。

全部完成后，软件将会自动重新连接，单击"OK"按钮则完成全部升级工作（图 5-20）。

四、电机转向设置

如果电机转向与预期的方向相反，则可以通过软件设置改变电机的转向，这样就不再需要重新焊线，能够简化操作。其具体操作步骤如下：

假设需要改变 1 号电机的方向，首先在下边栏右击选中 1 号电机（图 5-21）。

在 Motor Direction 栏目通过滑块将 Normal 改为 Reversed 或是将 Reversed 改为 Normal（图 5-22）。

然后单击下边栏的"Write Setup"按钮（图 5-23）。

弹出图 5-24 所示的窗口则为正确保存了设置。

其他电机同理，通过右击，选择想要调整的电机，然后在 Motor Direction 栏目通过滑块改变电机转向。

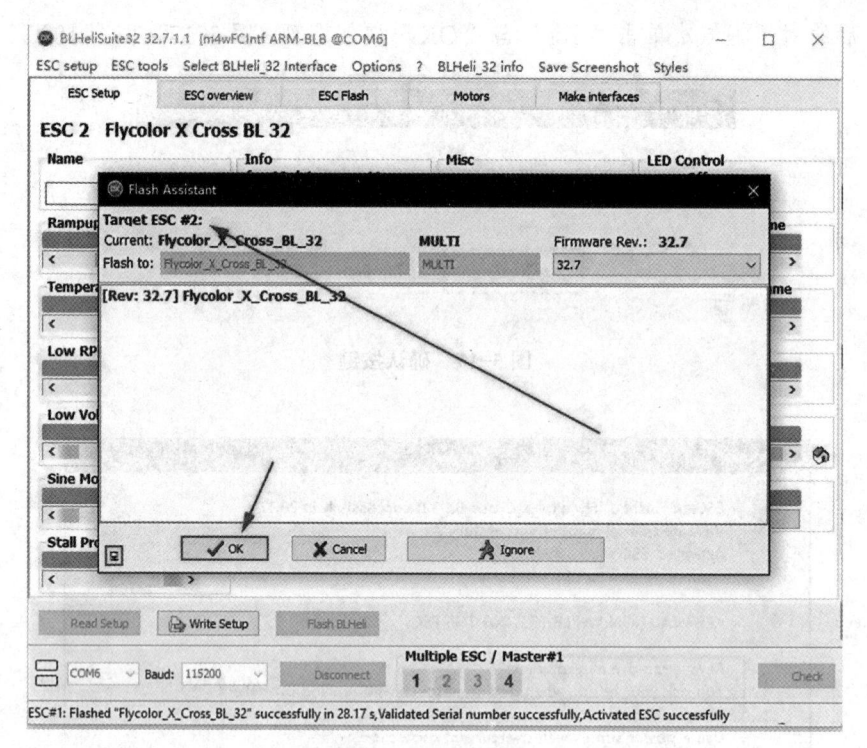

图 5-19　完成升级

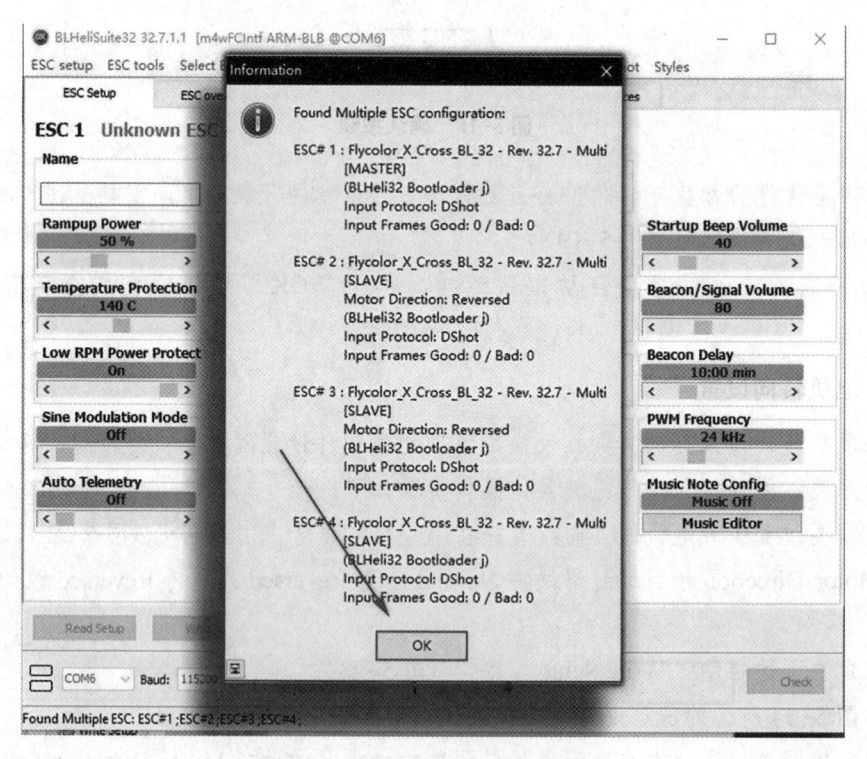

图 5-20　单击 "OK" 按钮完成升级

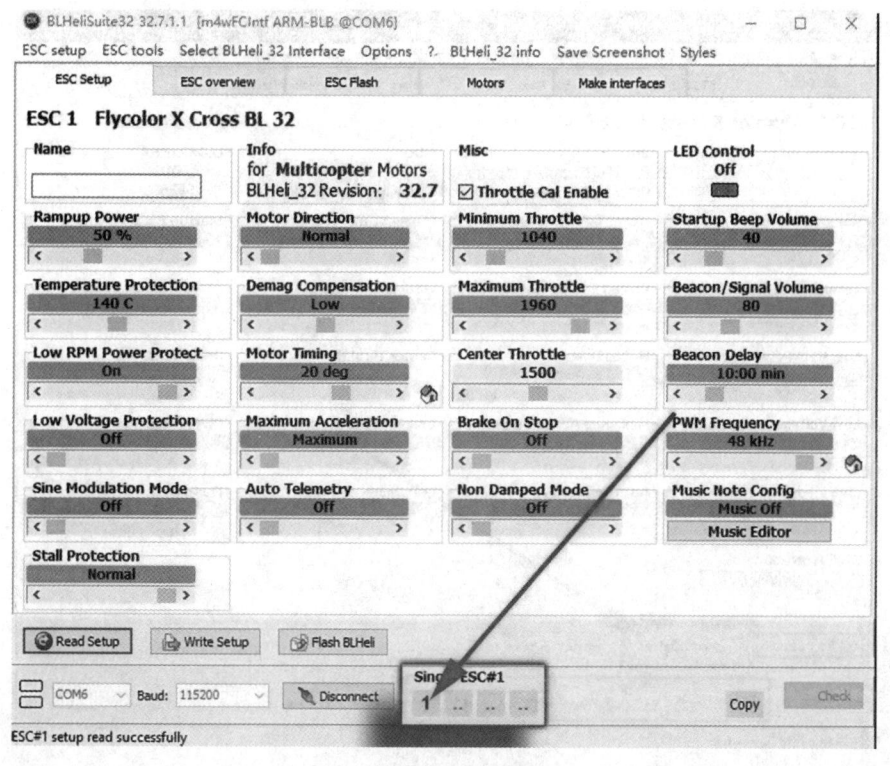

图 5-21 改变电机转向

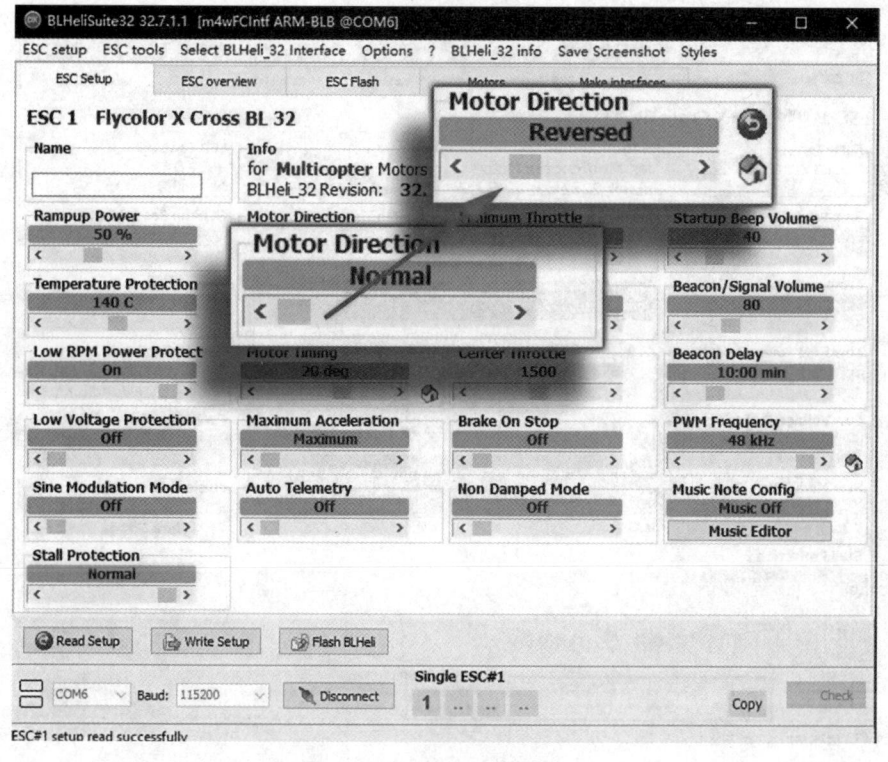

图 5-22 改变电机转向选项

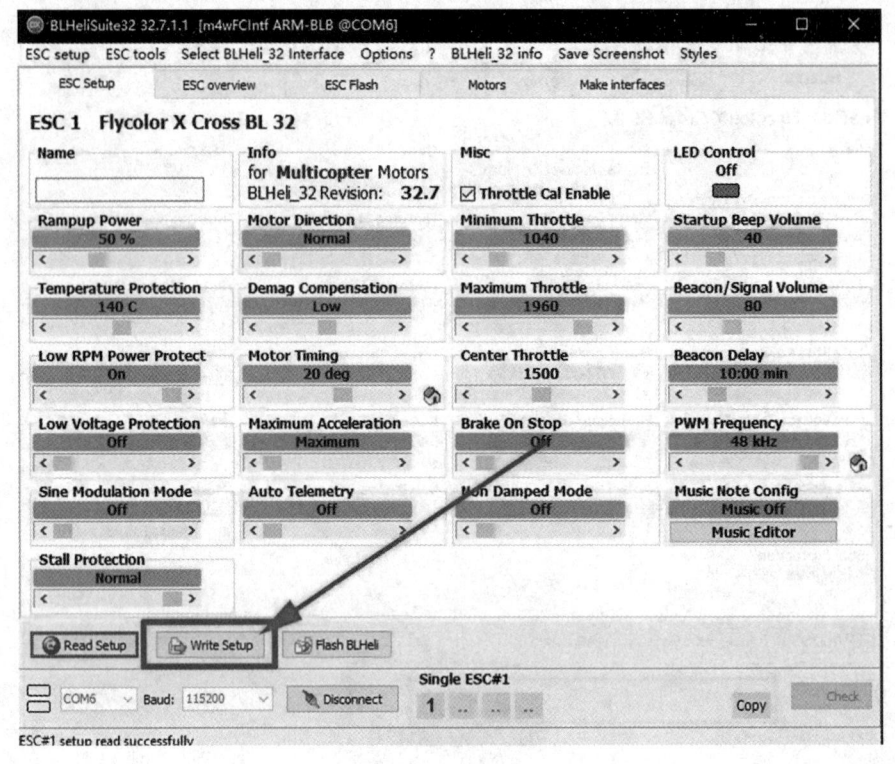

图 5-23 写入数据

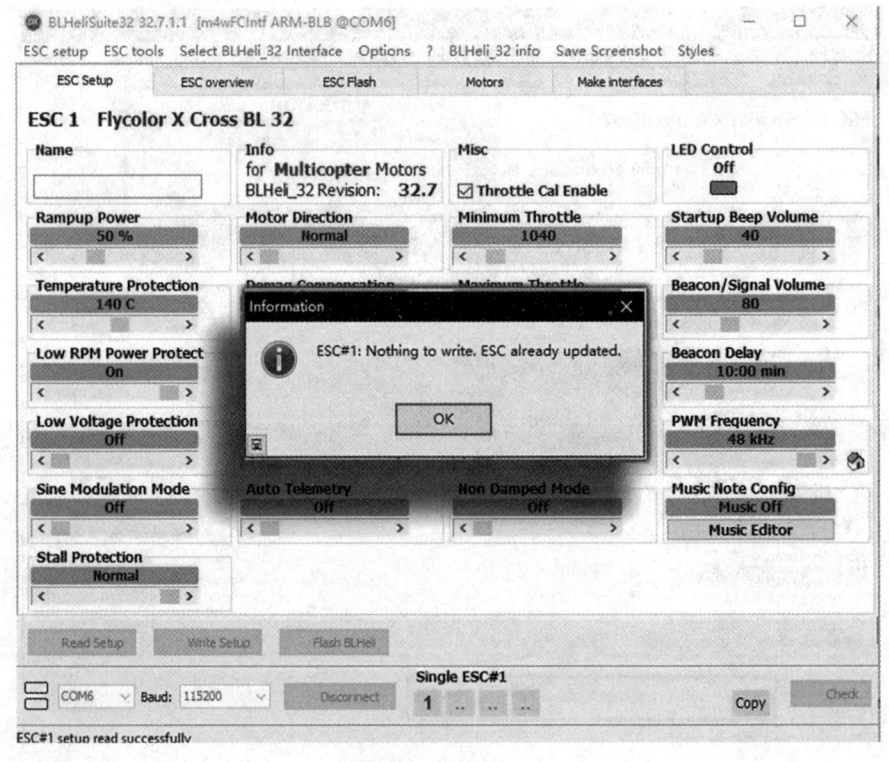

图 5-24 保存选项

五、PWM 频率设置

新一代的 32 位电调可以支持更高的 PWM 频率，更高的 PWM 频率能使电机效率提升，更加省电，手感也更加顺滑。

在此之前，确认在下边栏将所有电调都选上了，否则只是在调整个别电调的参数（图 5-25）。

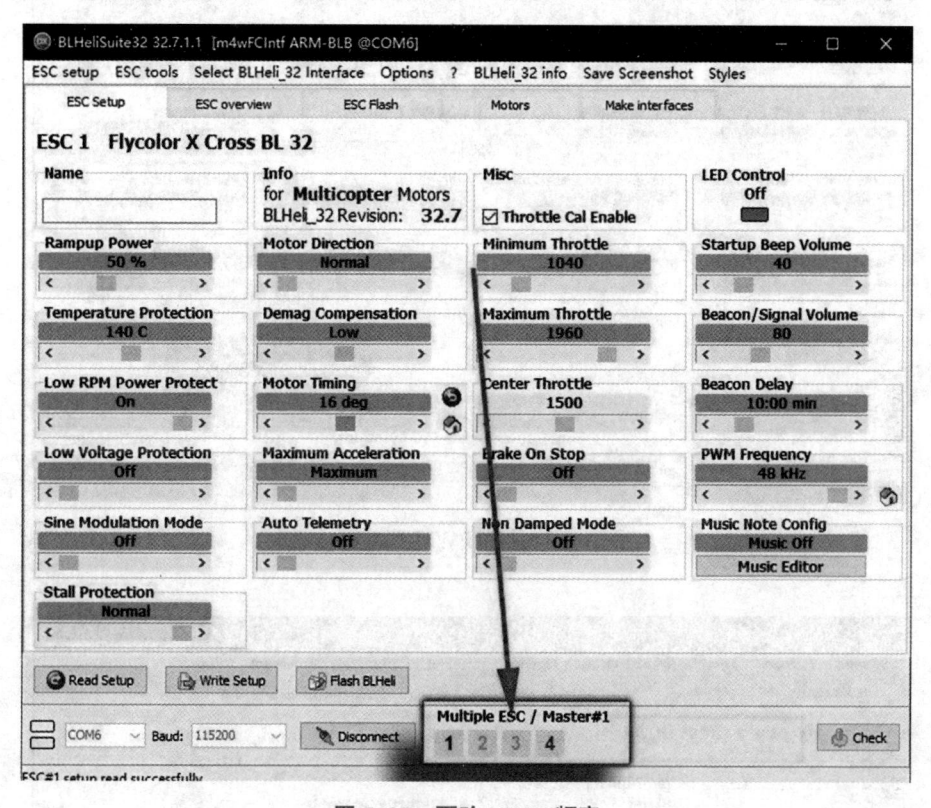

图 5-25　更改 PWM 频率

默认的 24 kHz 可以提升到最大 48 kHz，调整 PWM Frequency 滑块即可（图 5-26）。最后，单击下边栏的"Write setup"按钮保存即可。

六、电机进角设置

进角设置类似内燃发动机的节气门，更高的进角意味着提前点火，反映在无刷电机上则会表现为更高的转速、更大的推力，但更加费电，同时电机烧毁的风险也逐步提高；较小的进角意味着较低动力，但更加省电。

可以根据自身需要调整马达进角，提高或减少电机的进角，以满足实际使用的需要（图 5-27）。

七、注意事项

（1）连接软件前需要关闭地面站。
（2）因为需要上电，所以在操作过程中需要注意安全操作，以免发生安全事故。

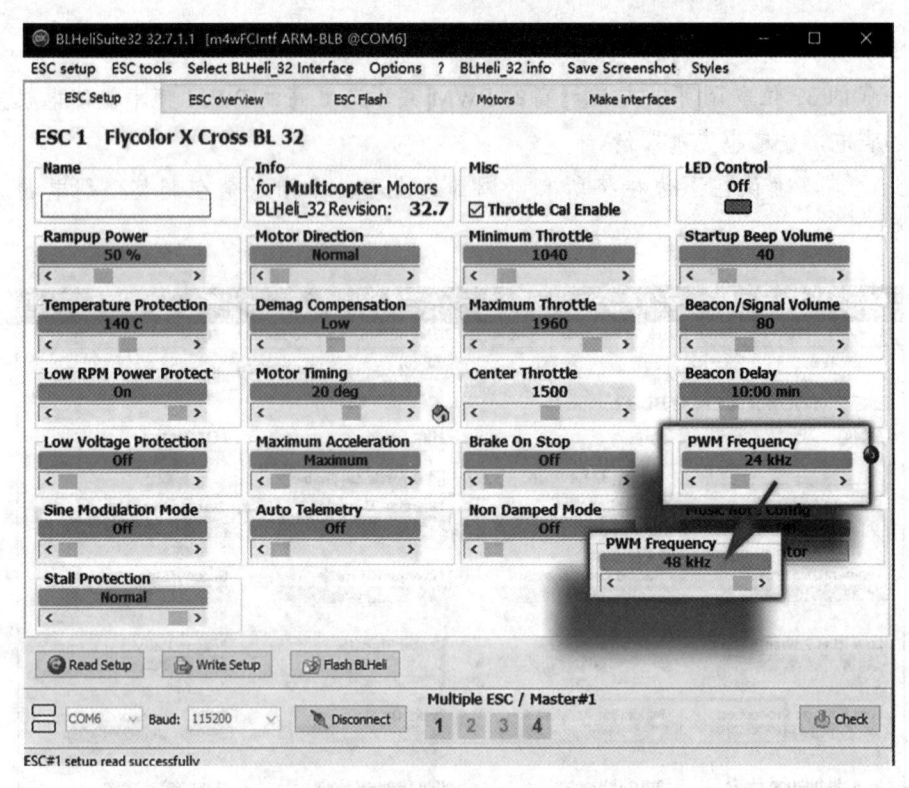

图 5-26 更改 PWM 频率确认

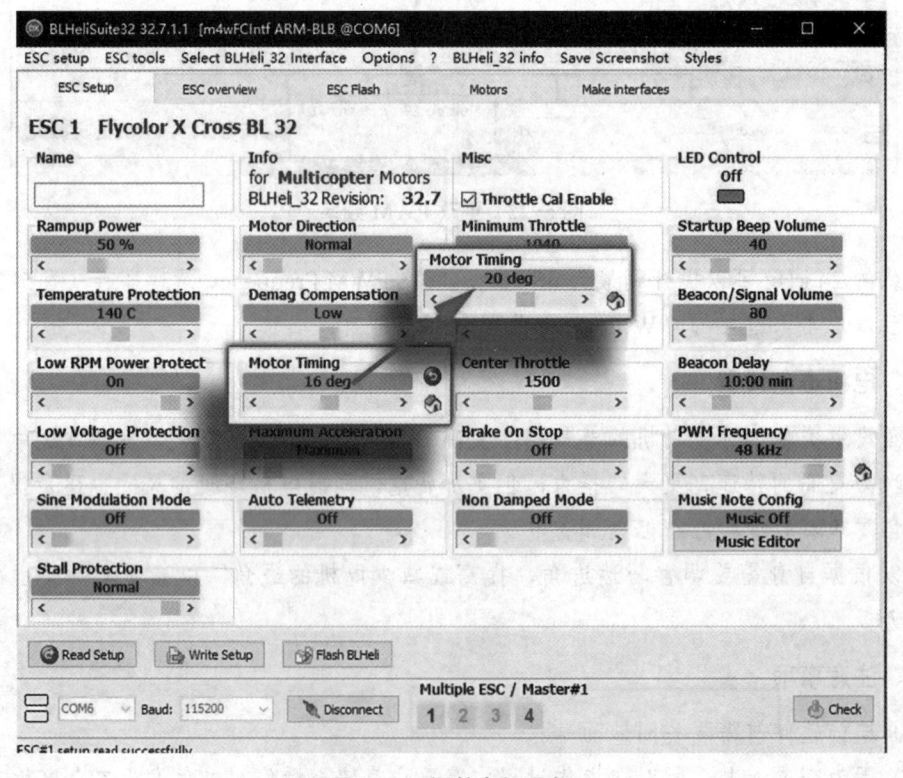

图 5-27 调整电机进角

电调参数调节工卡见表 5-3。

表 5-3 电调参数调节工卡

工卡标题	电调参数调节		
电调类型	32 位无刷电调	工种	
工时	2 h	工作区域	无人机实训室
注意事项	确保计算机安装了最新版本的 BLHeliSuite 软件,且软件为 32 位版本; 调试过程中确保拆卸螺旋桨,保证实训安全; 用数据线连接飞控与计算机,将电调与飞控正确连接		
编写/修订		批准	
日期		日期	

器材清单					
序号	设备名称	单位	数量	工作者	检查者
1	四合一无刷电调	块	1		
2	F3 以上型号飞控	个	1		
3	计算机	台	1		
4	3S,2000 mAh 蓄电池	个	2		

工作任务		
工作准备	工作者	检查者
(1) 关闭 Betaflight 地面站		
(2) 拆卸螺旋桨		
(3) 将电调与飞控正确连接		
(4) 用数据线连接飞控与计算机		
(5) 给飞机上电		
电调的连接	工作者	检查者
(1) 在 Port 栏目,选择与飞控相关的 COM 口,连接飞控与计算机		
(2) 单击"Check"按钮以连接电调,等待软件弹出四个电调信息,读取电调信息		
(3) 若无法正确连接,检查端口是否被占用		
固件升级	工作者	检查者
(1) 单击"Flash BLHeli"按钮		
(2) 在弹出页面确认电调型号是否为软件自动识别的型号,确认无误后单击"OK"按钮		

续表

器材清单		
固件升级	工作者	检查者
（3）依照软件提示完成电调固件刷新		
（4）一号电调升级完毕后，重复上述步骤直至四个电调全部升级完成即可		
参数设置	工作者	检查者
（1）通过软件设置改变电机转向		
（2）通过软件设置改变电调PWM频率		
（3）通过软件设置改变电机进角设置		
结束工作	工作者	检查者
（1）实训完成后关闭调参软件		
（2）清点工具并摆放到位		
（3）清扫现场		

项目 06 螺旋桨的参数

【知识目标】

（1）掌握螺旋桨的基本构成；

（2）掌握螺旋桨的基本参数；

（3）掌握不同螺旋桨材质的性能特点。

【能力目标】

（1）能根据螺旋桨的参数确定适用范围；

（2）能根据动力系统的需求选用合适的螺旋桨。

【素质目标】

（1）具有艰苦朴素的工作作风和迎难而上的工作信念；

（2）具备一定的创新意识；

（3）养成严谨细致的工作作风。

【学习导航】

本项目主要学习螺旋桨的参数。

【问题导入】

螺旋桨是指靠桨叶在空气或水中旋转，将发动机转动功率转化为推进力（或拉力）的装置，可有两个或较多的桨叶与桨毂相连，桨叶的向后一面为螺旋面或近似于螺旋面的一种推进器。螺旋桨分为很多种，应用也十分广泛，如飞机、轮船的推进器等。螺旋桨是无人机动力系统必不可少的部件，那么：

1. 我们常说的 5030、6045、1060 螺旋桨究竟表示什么意思？

2. 螺旋桨的材质都有哪些？

螺旋桨是一个旋转的翼面，用来提供必要的拉力或推力使飞机在空气中移动。产生升力的大小依赖于桨叶的形态、螺旋桨叶迎角和发动机的转速。螺旋桨叶本身是扭转的，因此桨叶角从毂轴到叶尖是变化的。最大安装角在毂轴处，而最小安装角在叶尖，如

图 6-1 所示。

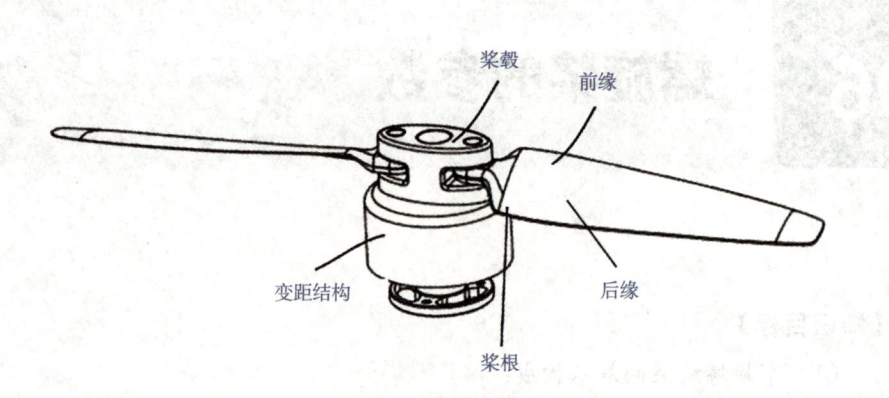

图 6-1 螺旋桨参数

螺旋桨叶扭转是为了从毂轴到叶尖产生一致的升力。当桨叶旋转时桨叶的不同部位有不同的线速度，叶尖比毂轴要快，因此，毂轴到叶尖安装角的变化和线速度的相应变化就能够在桨叶长度上产生一致的升力。

6.1 桨径和桨距

定距螺旋桨主要指标有桨径和桨距（也称螺距、总距，如图 6-2 所示），使用 4 位数字表示，前两位数字代表桨的直径（单位：英寸，1 in=25.4 mm），后两位数字代表桨的桨距。写法可写成 11×4 或 1104，如图 6-3 所示。总之 1204 桨比 1104 桨看起来要大，1105 桨比 1104 桨看起来要陡。

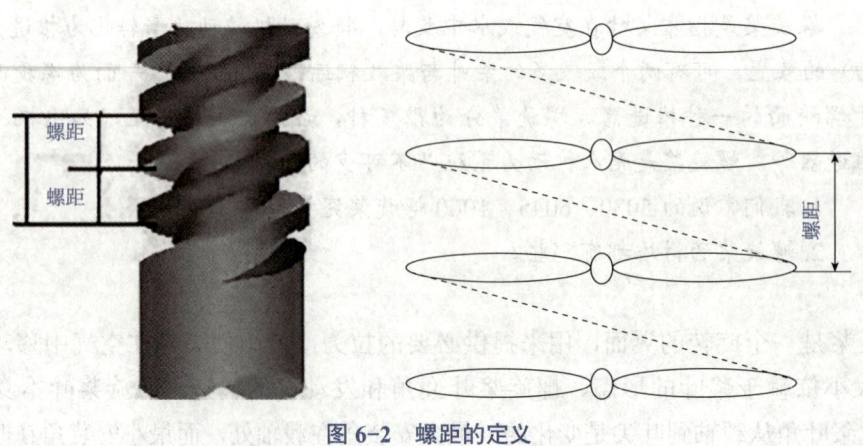

图 6-2 螺距的定义

图 6-3 螺旋桨型号

例如，1045 桨，桨径 10 in，约为 25.4 cm，桨距 4.5 in，约为 11.43 cm。

桨距可分为理论桨距和实际桨距。假设螺旋桨在一种不能压缩和流动的介质中旋转，每转一圈，就会向前行进一定距离，这个距离称为理论桨距，也可以理解为桨叶旋转形成的螺旋的螺距。而实际桨距就是考虑流体的可压缩性后在实际使用时螺旋桨旋转一圈所前进的距离，实际桨距都小于理论桨距，如图 6-4 所示。

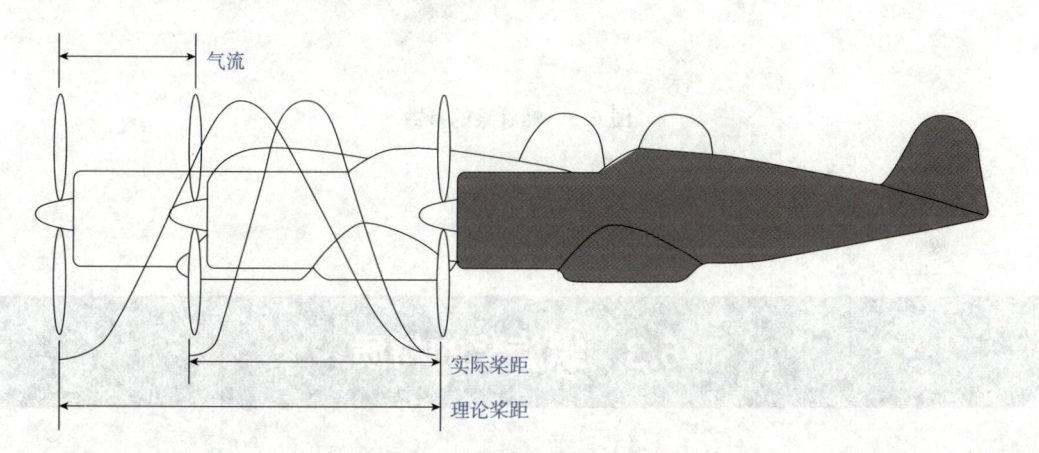

图 6-4 实际桨距与理论桨距

6.2 正、反桨

安装螺旋桨前，首先要区分好正桨和反桨。采用桨叶上的标记来区分正反桨：桨叶上刻有螺旋桨型号规格字样，如 10X5.5MR，另外一个螺旋桨的标注是 10X5.5MRP，多出一个 P 字的螺旋桨是反桨，如图 6-5 所示。螺旋桨的生产厂家不同，用来区分正桨、反桨的标记方式也不同，有些是以 CCW 和 CW 来区分（CCW 是 Counter-ClockWise 的缩写，表示逆时针旋转，是正桨；CW 是 ClockWise 的缩写，表示顺时针旋转，是反桨），有些是以 L 和 R 来区分。使用前一定要问清楚螺旋桨卖家如何区分，并用迎风面的方式检查一次。

图 6-5 螺旋桨的参数

6.3 螺旋桨的材质

螺旋桨的材质主要分为塑胶桨、木桨、碳纤维桨等。

1. 塑胶桨

小型多旋翼桨可以选择 APC 和 DJI 的塑胶桨，大载重的可以选择碳纤维桨，载重很大可以考虑选择木桨。塑胶桨如图 6-6 所示。

APC 桨的优点：效率高，可以理解为

图 6-6 塑胶桨

续航时间长。小尺寸的多旋翼使用续航时间甚至会优于碳纤维桨和木桨；缺点：桨身比较软，大载重、高速、大拉力时会轻微变形，产生颤振。

2. 木桨

木桨的材料多为榉木，硬度高、质量轻，经过风干打蜡上漆后不怕受潮。多旋翼用木桨实际效率可能会低于碳桨和APC桨。木桨的优点：震动极小、静平衡完美、无颤振、价格便宜等；缺点：效率低于原装APC桨，低于同尺寸优质的碳桨。木桨如图6-7所示。

图6-7 木桨

3. 碳纤维桨

由于碳纤维的材料性能及模具加工工艺决定了碳桨有优异的刚度、硬度和准确的桨形，因此，优质的碳纤维桨效率优于木桨，价格比木桨更贵，稍低于同尺寸的原装APC桨。碳纤维桨的优点：硬度高、刚度高、不变形、效率高、颤振极小；缺点：价格高，需要自己手工做静平衡，上机后根据振动再调动平衡，易脆，碰到硬物容易受损。碳纤维桨如图6-8所示。

图6-8 碳纤维桨

各种材质桨比较见表6-1。

表 6-1　不同材质桨比较

材料	效率	价格	耐用程度
木质	高效	价格适中	易损
碳纤维	效率适中	高价	耐用
塑胶	低效	低成本	较耐用

6.4　其他参数

1. 转动惯量

转动惯量越小，控制起来更灵敏。更重要的是，螺旋桨的转动惯量越小，改变转速所消耗的能量就越小，所以能提高飞行效率。因此，为减少转动惯量，在不改变外形和强度的前提下，有些螺旋桨内部材质还会进一步设计。

2. 安全转速

安全转速的计算，要保证在所有可能工况下不超过最高允许转速。以最常见的 10 寸桨为例，多旋翼最大桨速为 105 000 r/min，慢飞桨的最大桨速只有 65 000 r/min。因此，选择螺旋桨要注意使用场合。

3. 桨叶数量

（1）两叶桨：操纵灵敏度比较慢，平稳，效率高，载重大，省电，一般用在工业无人机、大荷载飞机。

（2）三叶桨：操纵灵敏度反应快，速度快，机动性好，费电，一般用在航模和竞技穿越机。

要根据动力系统的需求选用合适的螺旋桨。

螺旋桨的基本参数

【项目小结】

本项目主要讲述了有关螺旋桨的相关知识。

螺旋桨是产生升力的直接部件，直接决定着无人机升力的大小和效率。螺旋桨一般由桨毂、桨根、叶片前缘及叶片后缘组成，为了使从毂轴到叶尖产生一致的升力，螺旋桨叶片的安装角从叶尖到桨毂是逐渐变大的，这样可以保证能够在桨叶长度上产生一致的升力。

桨径和桨距是螺旋桨最常用的参数，通常用 4 位数字表示，如 1045 桨，桨径 10 in，约为 25.4 cm，桨距 4.5 in，约为 11.43 cm。

螺旋桨的材质主要分为塑胶桨、木桨、碳纤维桨等，不同材质的桨具有不同的特点，可以根据需要进行选取。

【巩固提高】

1. 螺旋桨的结构由哪几个部分组成？
2. 木质、碳纤维和塑胶做成的桨叶各自具有什么样的特点？
3. 螺旋桨的正桨和反桨是如何定义的？

【实训 6】

螺旋桨的识别与使用

■ 任务描述

螺旋桨主要用来为无人机提供升力及推力，是无人机上的重要部件，学习和了解螺旋桨的主要组成部分及基本参数，并熟悉和了解不同类型的螺旋桨。

■ 任务目标

了解螺旋桨的主要组成部分及基本参数，了解不同类型螺旋桨的特点，能够根据拉力参数选取合适的螺旋桨。

■ 任务实施

一、认识螺旋桨的组成

依据给定的螺旋桨，依次指出螺旋桨的组成（图 6-9），能说明升力产生的原理（图 6-10），并能够独立判断螺旋桨的旋转方向。

· 螺旋桨的组成

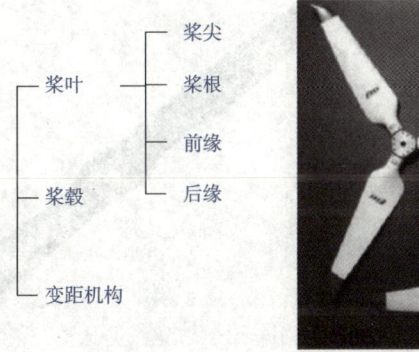

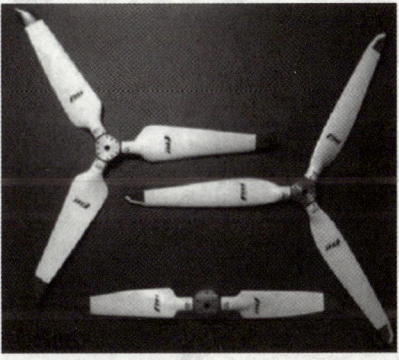

图 6-9 螺旋桨的组成

133

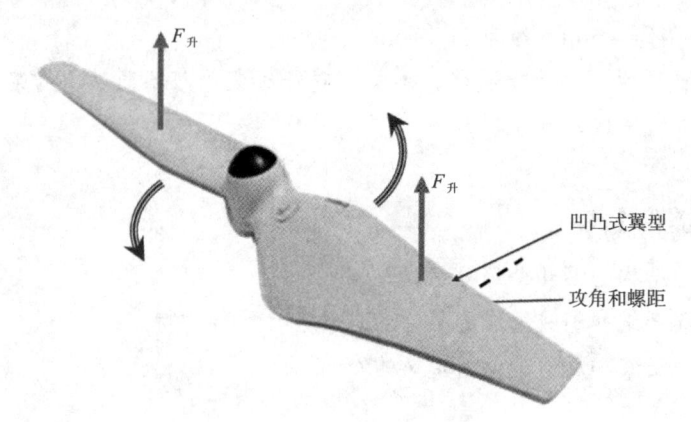

图 6-10 升力产生的原理

二、螺旋桨的分类及特点

能辨别不同种类的螺旋桨，并指出其各自具有的特点。

1. 按材质分类（图 6-11～图 6-14）

图 6-11 木质螺旋桨

图 6-12 塑料螺旋桨

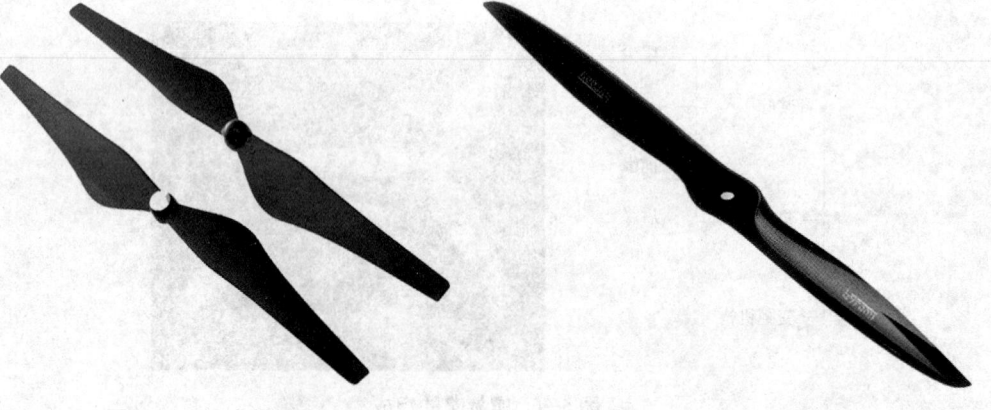

图 6-13 尼龙螺旋桨

图 6-14 碳纤维螺旋桨

2. 按桨叶数量分类（图 6-15～图 6-19）

几叶螺旋桨效率最高，桨叶数量多的螺旋桨具有什么样的特点？

图 6-15　双叶桨　　　　　　　　图 6-16　三叶桨

图 6-17　四叶桨　　　图 6-18　五叶桨　　　图 6-19　涵道风扇

3. 按桨叶结构分类（图 6-20～图 6-22）

能够了解不同结构螺旋桨的特性及其优缺点所在。

图 6-20　整体式螺旋桨

135

图 6-21　组合式螺旋桨

图 6-22　可折叠螺旋桨

4. 按固定方式分类（图 6-23～图 6-26）

能够了解市面上常见螺旋桨的固定方式，并了解不同固定方式所具有的特点及应用场景。

图 6-23　插接式

图 6-24　螺丝固定式

图 6-25　自锁式

图 6-26　子弹头锁紧式

5. 按旋转方向分类（图 6-27 和图 6-28）

能够根据桨叶形状及桨叶参数辨别正反桨。

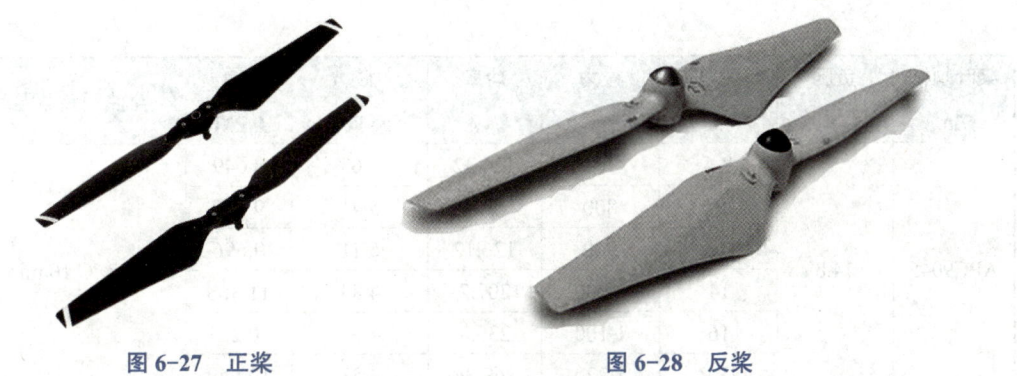

图 6-27 正桨　　　　　　　图 6-28 反桨

三、螺旋桨的参数

了解力效、功率、转速、拉力等参数的含义，能够根据电机和螺旋桨的拉力参数表来选取合适的螺旋桨与电机相匹配（表 6-2）。

表 6-2　X2212 KV980 拉力参数表

桨叶规格/in	负压/V	负载电流/A	拉力/gf	功率/W	力效/($g \cdot W^{-1}$)	转速/RPM	全油门负载温度
APC8038	14.8	0.7	100	10.36	9.65	4.20	55 ℃ 10 min
		1.7	200	25.16	7.95	5 641	
		2.8	300	41.44	7.24	6 668	
		4	400	59.2	6.76	7 629	
		5.4	500	79.92	6.26	8 440	
		7.1	600	105.08	5.71	9 154	
		8.7	700	128.76	5.44	9 766	
		10.2	800	150.96	5.30	10 436	
		16.4	1 075	242.72	4.43	11 910	
APC9045	11.1	0.9	100	9.99	10.01	3 406	68 ℃ 10 min
		2.1	200	23.31	8.58	4 827	
		3.3	300	36.63	8.19	5 789	
		4.8	400	53.28	7.51	6 642	
		6.5	500	72.15	6.93	7 370	
		12.2	785	135.42	5.80	9 308	
APC9045	14.8	0.6	100	8.88	11.26	3 452	68 ℃ 10 min
		1.5	200	22.2	9.01	4 734	
		2.7	300	39.96	7.51	5 780	
		3.8	400	56.24	7.11	667	
		5.2	500	96.96	6.50	746	
		6.6	600	97.68	6.14	8 140	

续表

桨叶规格/in	负压/V	负载电流/A	拉力/gf	功率/W	力效/(g·W^{-1})	转速/RPM	全油门负载温度
APC9045	14.8	8.4	700	124.32	5.63	8 649	68 ℃ 10 min
		10	800	148	5.41	9 150	
		11.9	900	176.12	5.11	9 696	
		14	1 000	207.2	4.83	11 368	
		16	1 100	236.8	4.65	10 221	
		18.2	1 220	269.36	4.53	10 649	

螺旋桨的识别与使用工卡见表6-3。

表6-3 螺旋桨的识别与使用工卡

工卡标题	螺旋桨的识别与使用		
螺旋桨类型	不同型号及大小	工种	
工时	2 h	工作区域	无人机实训室
注意事项	将实训设备一次摆放在合适位置；实训过程中注意保持实训秩序		
编写/修订		批准	
日期		日期	
器材清单			
序号	设备名称	单位	数量	工作者	检查者
1	无人机用螺旋桨	个	5		
工作任务			
工作准备	工作者	检查者
（1）将螺旋桨依次摆放在实验台上		
（2）检查螺旋桨有无破损		
实训过程	工作者	检查者
（1）依据给定的螺旋桨判断螺旋桨的旋转方向		
（2）能够根据给定的电机正确地安装螺旋桨		
（3）辨别不同材质的螺旋桨，并分析各自特点		
（4）根据不同的应用场景选择合适的螺旋桨		
（5）能够按照不同固定方式正确安装螺旋桨		
（6）根据给定的电机大小，利用拉力参数表选择合适的螺旋桨进行匹配		
结束工作	工作者	检查者
（1）清点工量具		
（2）清扫现场		

项目 07 锂离子电池的相关知识

【知识目标】
（1）掌握锂离子电池的基本参数；
（2）掌握锂离子电池的使用规则；
（3）掌握锂离子电池的充电注意事项。

【能力目标】
（1）能根据动力系统的需求选配合适的电池组；
（2）能使用充电设备给不同的电池进行充电。

【素质目标】
（1）具有艰苦朴素的工作作风和迎难而上的工作信念；
（2）具备一定的创新意识；
（3）养成严谨细致的工作作风。

【学习导航】
本项目主要学习电池的相关知识。

【问题导入】
电池在人们日常生活中使用非常普遍，电视机遥控器上使用7号电池，电动车上使用铅酸电池，智能电、水表上使用锰电池。目前快速发展的新能源电动车主要采用的是锂聚合物电池。锂聚合物电池也是电动无人机的供能部件，那么：

1. 锂聚合物电池和锂离子电池究竟有何区别？
2. 18650电池和5号电池的区别在哪里？
3. 电池的充电器设备可以混用吗？

电池的发展

7.1 电池的分类

1. 按电极液种类分类

（1）碱性电池：电解质主要以氢氧化钾火溶液为主的电池，如碱性锌锰电池（俗称碱锰电池或酸性电池）、镍镉电池，镍氢电池等。

（2）酸性电池：主要以硫酸水溶液为介质，如锌锰干电池（也称为酸性电池）、海水电池等。

（3）有机电解液电池：主要以有机溶液为介质的电池，如锂电池、锂离子电池等。

2. 按工作性质和储存方式分类

（1）一次电池：又称原电池或干电池，即放电后不能再充电的电池，如锌锰干电池、锂原电池等。

（2）二次电池：即可充电电池，又称蓄电池，能通过充放电反复多次循环使用的电池，如镍氢电池、锂离子电池、镍镉电池、铅酸蓄电池。

（3）燃料电池：又称连续电池，即活性材料连续注入电池，使其连续放电的电池，如氢氧燃料电池等。

（4）储备电池：又称激活电池，即电池储存时不直接接触电解液，直到电池使用时，才加入电解液，如银镁电池、银锌电池等。

3. 按电池所用正、负极材料分类

（1）锌系列电池：如锌锰电池、银锌电池等。

（2）镍系列电池：如镍镉电池、镍氢电池等。

（3）铅系列电池：如铅酸电池等。

（4）二氧化锰系列电池：如锌锰电池、碱锰电池等。

（5）空气（氧化）系列电池：如锌空电池等。

（6）锂系列电池：如锂离子电池、锂锰电池。

锂离子二次电池就是按工作性质、正负极材料来划分的。锂离子二次电池按其电解液状态可分为液态锂离子电池（LIB）和固态锂离子电池（PLIB，聚合物锂离子电池）；按其形状可分为方形锂离子电池、圆柱锂离子电池、异形电池；按其外壳的材质又可分为钢壳、铝壳、软包装等。

4. 按规格分类

市面上常见的电池规格一般有1号、3号、5号、7号和纽扣电池，如图7-1所示。我们在电池体上看到的AAA、AA、C、D、N、F、SC等标识都是美国型号标识，在我国主要沿用美国的命名方式（表7-1）。

图 7-1 常见电池

表 7-1 中美电池型号对照表

编号	美国型号	中国俗称	尺寸（平头）
1	AAAA	AAAA	高度 41.2 mm±0.5 mm，直径 8.1 mm±0.2 mm
2	AAA	7号	高度 43.6 mm±0.5 mm，直径 10.1 mm±0.2 mm
3	AA	5号	高度 48.0 mm±0.5 mm，直径 14.1 mm±0.2 mm
4	A	A	高度 49 mm±0.5 mm，直径 16.8 mm±0.2 mm
5	SC	SC	高度 42 mm±0.5 mm，直径 22.1 mm±0.2 mm
6	C	2号	高度 49.5 mm±0.5 mm，直径 25.3 mm±0.2 mm
7	D	1号	高度 59.0 mm±0.5 mm，直径 32.3 mm±0.2 mm
8	N	N	高度 28.5 mm±0.5 mm，直径 11.7 mm±0.2 mm
9	F	F	高度 89.0 mm±0.5 mm，直径 32.3 mm±0.2 mm

5. 按电压分类

在电学上，常用电压、容量等概念来衡量电池个体的属性和性能。一般单个干电池（包含碱性电池）的额定电压为 1.5 V；镍镉电池和镍氢电池的额定电压为 1.2 V；而锂离子电池和锂聚合物电池的额定电压是 3.7 V；磷酸铁锂电池的额定电压是 3.2 V。目前，市面上新能源电动车常用的电源分为三元锂电池与磷酸铁锂电池，其标准电压分别是 3.7 V 和 3.2 V。

> **注意** 上文所说的电压都是指平均电压，该数值会随着放电电流、环境温度和正负极材料的不同而变化，而且放电电流的大小也会影响电池的放电能力。锂聚合物电池的放电电流与容量对比如图 7-2 所示。

141

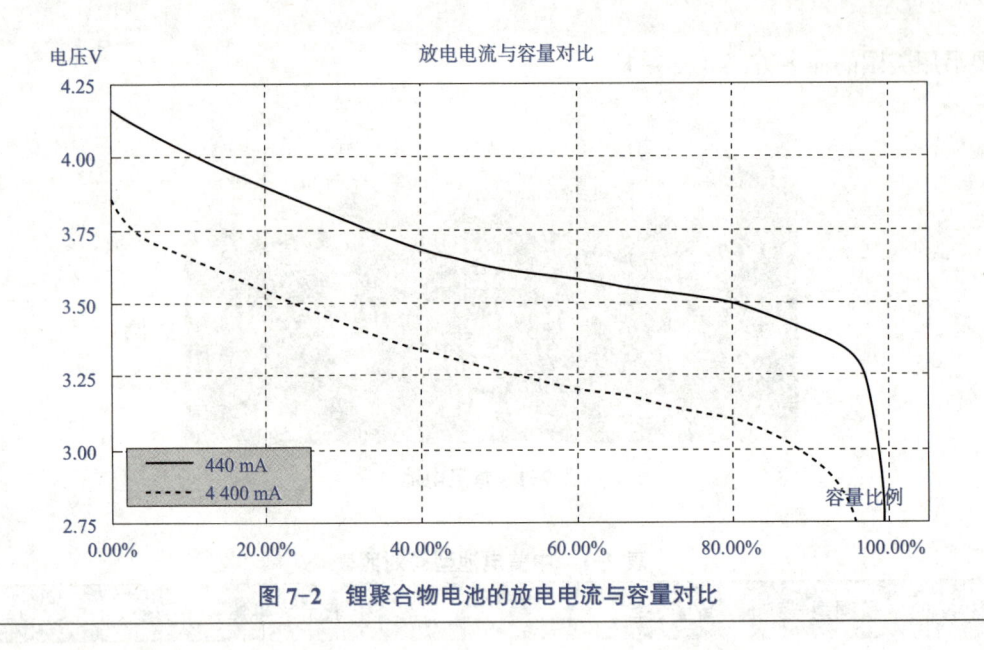

图 7-2 锂聚合物电池的放电电流与容量对比

6. 按化学成分（原理）分类

在化学电池中，根据能否用充电方式恢复电池存储电能的特性，可以分为一次电池（原电池）和二次电池（蓄电池）两大类。

（1）一次电池：又可以分为普通锌锰电池、碱性锌锰电池、锌汞电池、锌空电池、镁锰电池和银锌电池六个系列。

（2）二次电池：主要有镍镉电池、镍氢电池、锂离子电池、碱锰充电电池和铅蓄电池等类型。在数码设备中，常用的电池类型是干电池（包括碱性电池）、镍镉电池、镍氢电池和锂离子电池等。

另外，还有太阳能电池、燃料电池、空气电池、铅酸蓄电池、银锌电池、镉-氧化银电池、锌-氧化银电池、锌-氧化汞电池、钠硫电池、固体电解质电池、热激活电池、水激活电池等。

普通干电池与碱性电池的特点比较见表 7-2。

表 7-2 普通干电池与碱性电池的特点比较

特点	普通干电池	碱性电池
优点	价格低	电池容量大，一般是普通电池的 7 倍。输出稳定，不漏液。有一定的电化学可逆性，在电量尚未耗尽时，可在小电流情况下进行一定次数的充电
缺点	容量小，不适合需要大电流和长期连续工作的场合 普通锌锰电池容易漏液损坏电器	价格较高

7.2 各种电池简介

1. 铅酸蓄电池

法国人普兰特于1859年发明了铅酸蓄电池。历经了160多年的发展历程,铅酸蓄电池在理论研究方面,在产品种类及品种、产品电气性能等方面都得到了长足的进步,无论是在交通、通信、电力、军事,还是在航海、航空各个经济领域,铅酸蓄电池都起到了不可缺少的重要作用,如图7-3所示。

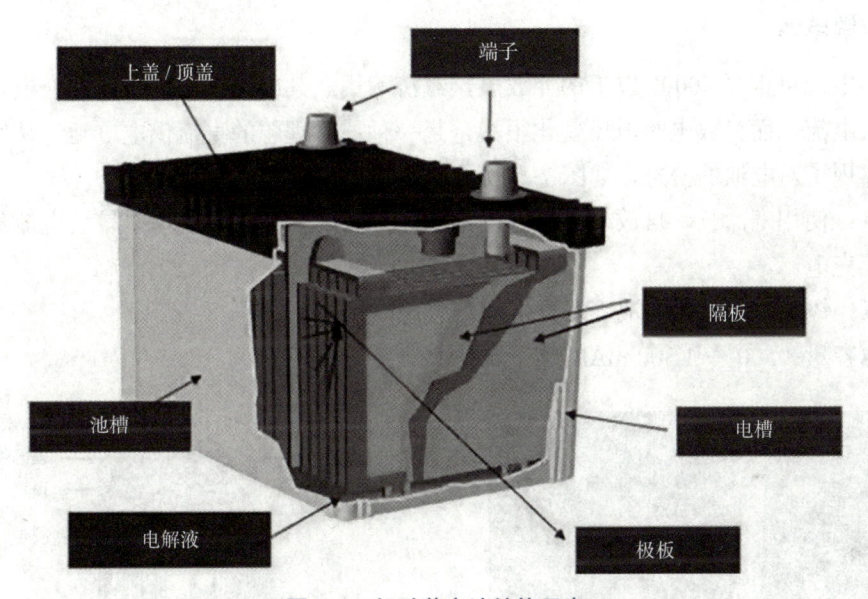

图7-3 铅酸蓄电池结构示意

应用领域:汽车启动使用、固定场所使用(发电厂、变电所及通信)、车用、电动车用。

优点:可以大电流放电,使用温度范围很宽,可逆性好,电动势较高,原材料来源丰富,制造工艺简便,价格低。

缺点:比性能差、材料易造成环境污染且有毒,容易导致血铅中毒。

2. 锌锰电池

锌锰电池正极是碳棒,负极是锌皮,内装二氧化锰、氯化铵电糊,一次性不可充电,如图7-4所示。

优点:价格低,自放电小。

缺点:内阻大,不适合大电流放电,不能充电,锌皮腐蚀后电解液易流出。

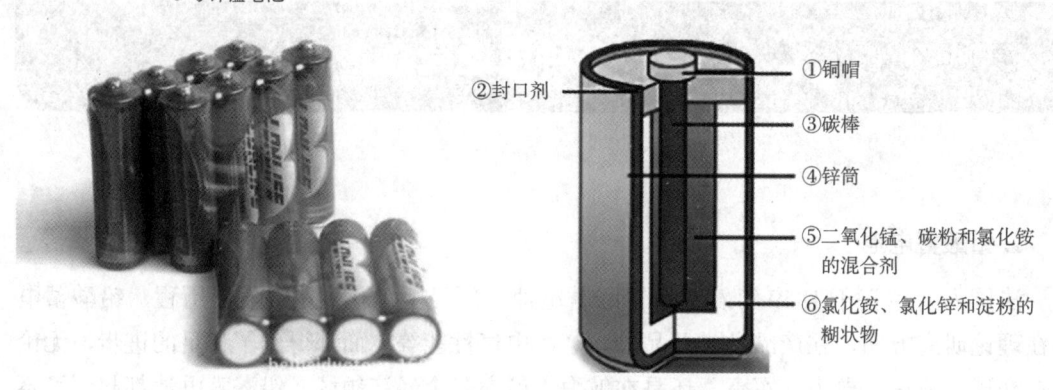

图 7-4　锌锰电池的外观及结构

3. 镍镉电池

镍镉电池可重复 500 次以上的充放电，经济耐用。其内阻很小，可快速充电，可为负载提供大电流，而且放电时电压变化很小，是一种非常理想的直流供电电池。从镍镉电池开始，实现了对电池的密封，如图 7-5 所示。

优点：使用寿命长、自放电小、温度范围广、内阻非常小，既可以较大电流放电，也可以快速充电。

缺点：镉具有毒性，电池容易产生记忆效应。

电池容量：500～1 300 mAh。

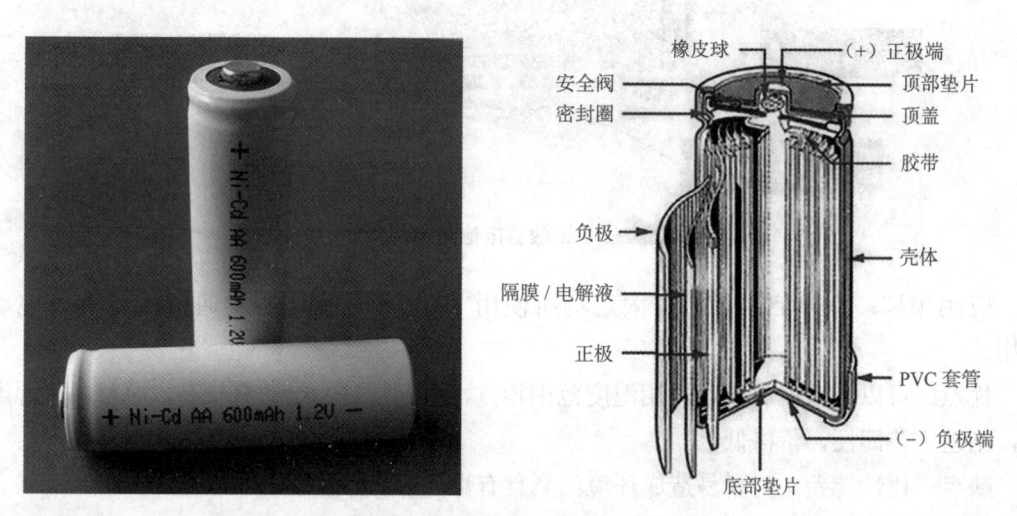

图 7-5　镍镉电池的外观及结构

镍镉电池是最早应用于手机、笔记本计算机等设备的电池种类，它具有良好的大电流放电特性、耐过充放电能力强、维护简单。镍镉电池最致命的缺点是在充放电过程中如果处理不当，会出现严重的"记忆效应"，使得电池寿命大大缩短。

所谓"记忆效应"就是镍镉类电池，长期不彻底充电、放电，容易在电池内留下痕迹，降低电池容量，这种现象称为电池记忆效应。意思是说，电池好像记忆用户日常的充、放电幅度和模式，日久就很难改变这种模式，不能再做大幅度充电或放电。

消除记忆效应的方法：电池完全放电，然后重新充满。

此外，镉是有毒的，因而镍镉电池不利于生态环境的保护。众多的缺点使得镍镉电池现在已经基本被淘汰出数码设备电池的应用范围。

4. 镍氢电池

镍氢电池出现在20世纪80年代，是早期镍镉电池的替代产品。它是一种环保的电池，不再使用有毒的镉，可以消除重金属元素对环境带来的污染问题。镍氢电池大大减小了镍镉电池中存在的"记忆效应"，这使得镍氢电池可以更方便地使用，如图7-6所示。

图 7-6　镍氢电池

特点：内阻稍大，电池容量较高，可达到镍镉电池的1.5～2倍，低温性能良好、耐过充过放能力强、安全可靠，对环境无污染，无记忆效应。容量为900～1 800 mAh，有的可以达到2 500 mAh。

5. 锂离子电池

锂离子电池出现在20世纪90年代，主要依靠锂离子在正极和负极之间移动来工作。在充放电过程中，Li^+ 在两个电极之间往返嵌入和脱嵌：充电时，Li^+ 从正极脱嵌，经过电解质嵌入负极，负极处于富锂状态；放电时则相反。2019年10月9日，瑞典皇家科学院宣布，将2019年诺贝尔化学奖授予约翰·古迪纳夫、斯坦利·惠廷厄姆和吉野彰，以表彰他们在锂离子电池研发领域做出的贡献。

> **注意**　锂离子电池容易与下面两种电池混淆：
> （1）锂电池：以金属锂为负极；
> （2）锂离子聚合物电池：用聚合物来凝胶化液态有机溶剂，或者直接用全固态电解质。

6. 锂聚合物电池

锂聚合物电池又称高分子锂电池，是一种化学性质的电池。相对以前的电池来说，它具有能量高、小型化、轻量化的特点。锂聚合物电池具有超薄化特征，可以配合一些产品的需要，制作成不同形状与容量的电池，理论上的最小厚度可达 0.5 mm。由于锂聚合物中没有多余的电解液，因此，它更可靠、更稳定。

相对于锂离子电池，锂聚合物电池的特点如下：

（1）相对改善电池漏液的问题，但并没有彻底改善。

（2）可制成薄型电池：3.6 V 250 mAh 的容量，其厚度可薄至 0.5 mm。

（3）电池可设计成多种形状。

（4）可制成单颗高电压：液态电解质的电池仅能以数颗电池串联得到高电压，而高分子电池由于本身无液体，可在单颗内做成多层组合来达到高电压。

（5）放电量：理论上高出同样大小的锂离子电池 10%。

7.3 锂电池

根据所用电解质材料的不同，锂电池可分为锂离子电池（Liquified Lithium-Ion Battery，LIB）和锂聚合物电池（Polymer Lithium-Ion Battery，PLB）。其中，锂离子电池是电解液为液态的锂电池，锂聚合物电池是使用固体作为电解液的锂电池。

7.3.1 锂离子电池

锂离子电池俗称"锂电"，是综合性能最好的电池体系。锂离子电池的负极是碳素材料，如石墨；正极是含锂的过渡金属氧化物，如 $LiMn_2O_4$。

1. 锂离子电池的优点

（1）工作电压高。锂离子电池的工作电压在 3.7 V，是镍镉电池和镍氢电池工作电压的 3 倍。

（2）比能量高。锂离子电池比能量已达 140 Wh/kg，是镍镉电池的 3 倍、镍氢电池的 1.5 倍。

（3）循环寿命长。锂离子电池循环寿命已达 1 000 次以上，在低放电深度下可达几万次，超过了其他几种二次电池。

（4）自放电小。锂离子电池月自放电率仅为 6%～8%，远低于镍镉电池（25%～30%）及镍氢电池（30%～40%）。

（5）无记忆效应。可以根据要求随时充电，而不会降低电池性能。

（6）对环境无污染。锂离子电池中不存在有害物质，是名副其实的"绿色电池"。

2. 工作原理

锂离子电池以碳素材料作为负极，以含锂的化合物作为正极，没有金属锂存在，只有锂离子。锂离子电池是指以锂离子嵌入化合物为正极材料电池的总称。锂离子电池的充放电过程，就是锂离子的嵌入和脱嵌过程。在锂离子的嵌入和脱嵌过程中，同时伴随着与锂离子等当量电子的嵌入和脱嵌（习惯上正极用嵌入或脱嵌表示，而负极用插入或脱插表示）。在充放电过程中，锂离子在正、负极之间往返嵌入/脱嵌和插入/脱插，被形象地称为"摇椅电池"，如图7-7所示。

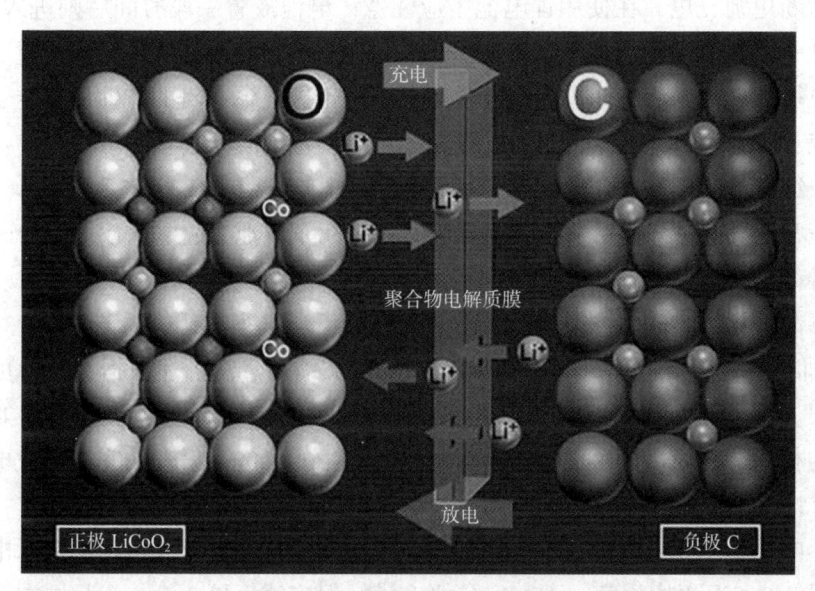

图7-7 锂离子电池工作原理

当对电池进行充电时，电池的正极上有锂离子生成，生成的锂离子经过电解液运动到负极。而作为负极的碳呈层状结构，它有很多微孔，达到负极的锂离子就嵌入到碳层的微孔中，嵌入的锂离子越多，充电容量越大。同样，当对电池进行放电时（即使用电池的过程），嵌在负极碳层中的锂离子脱出，又运动回正极。回正极的锂离子越多，放电容量越大。

一般锂电池充电电流设定在0.2～1C，电流越大，充电越快，同时电池发热也越大。而且，过大的电流充电，容量不够满，因为电池内部的电化学反应需要时间。就像倒啤酒，倒得太快就会产生泡沫，反而不满。

对电池来说，正常使用就是放电的过程。锂电池放电需要注意以下几点：

（1）放电电流不能过大，过大的电流导致电池内部发热，有可能会造成永久性的损害。

从图7-2可以看出，电池放电电流越大，放电容量越小，电压下降更快。

（2）不能过放电。锂电池内部存储电能是依靠电化学一种可逆的化学变化实现的，过度放电会导致这种化学变化有不可逆的反应发生。因此，锂电池最怕过度放电，一旦放电电压低于 2.7 V，将可能导致电池报废。

3. 使用维护注意事项

避免在严酷条件下使用，如高温、高湿度、夏日阳光下长时间暴晒等，避免将电池投入火中。

拆电池时，应确保用电器具处于电源关闭状态；使用温度应保持在 −20 ℃ ～ 50 ℃。

避免将电池长时间"存放"在停止使用的用电器具中。

4. 使用方法

（1）为新电池充电。在使用锂电池中应注意：电池放置一段时间后则进入休眠状态，此时容量低于正常值，使用时间也随之缩短。但锂电池很容易激活，只要经过 3 ～ 5 次正常的充放电循环就可激活电池，恢复正常容量。由于锂电池本身的特性，决定了它几乎没有记忆效应。因此，新锂电池在激活过程中是不需要特别的方法和设备的。

另外，锂电池同样不适合过放电，过放电对锂电池不利。

（2）正常使用中应该何时开始充电。以下为锂离子电池充放电循环寿命的试验数据：

循环寿命（50%DOD）>1 000 次；

循环寿命（100%DOD）>500 次。

DOD 即放电深度，是 Depth of discharge 的英文缩写。从上述数据可见，可充电次数和放电深度有关，10%DOD 时的循环寿命要比 100%DOD 的要长很多。当然如果折合到实际充电的相对总容量：10%×1 000=100，100%×200=200，后者的完全充放电还是要较好。在正常情况下，应该有保留地按照电池剩余电量用完再充的原则充电。

锂离子电池不要充得太满也不要用到没电，电池没用完电就充电，不会对电池造成伤害，充电以 2 ～ 3 h 以内为宜，不一定非要充满。但应该每隔 3 ～ 4 个月左右，对锂电池进行 1 ～ 2 次完全的充满电（正常充电时间）和放完电。

长期不用的锂电池，应该存放在阴凉偏干燥的地方，以半电状态（满电电量的 70% ～ 80%）最好，满电存放有危险且电池会有损害，无电存放电池会被破坏。每隔 3 ～ 6 个月，检查一次是否要补充电。

5. 锂电池的保存

锂电池自放电很低，可保存 3 年之久，在冷藏的条件下保存，效果会更好。锂电池在 20 ℃ 下可储存半年以上，这是由于它的自放电率很低，而且大部分容量可以恢复。

7.3.2 锂聚合物电池

锂聚合物电池又称高分子锂电池，是一种化学性质的电池，如图 7-8 所示。相对以前的电池来说，其具有能量高、小型化、轻量化的特点。由于锂聚合物电池具有超薄化特征，因此，可以配合一些产品的需要，制作成不同形状与容量的电池，理论上的最小厚度可达 0.5 mm。

图 7-8　锂聚合物电池

一般的电池有正极、负极与电解质三要素。所谓的锂聚合物电池是指在三要素中至少有一个或一个以上采用高分子材料的电池系统。在锂聚合物电池系统中，高分子材料大多数被用在了正极和电解质上。正极材料使用的是导电高分子聚合物或一般锂离子电池所使用的无机化合物，负极常应用锂金属或锂碳层间化合物，电解质采用固态或胶态高分子电解质或有机电解液。由于锂聚合物中没有多余的电解液，因此，它更可靠、更稳定，具有比能量高、小型化、超薄化、轻量化和安全性高等多种优势。基于这样的优点，锂聚合物电池可制成任何形状与容量的电池，进而满足各种产品的需要；并且它采用铝塑包装，内部出现问题可立即通过外包装表现出来，即便存在安全隐患，也不会爆炸，只会鼓胀。在聚合物电池中，电解质起着隔膜和电解液的双重功能：一方面像隔膜一样隔离开正负极材料，使电池内部不发生自放电及短路；另一方面又像电解液一样在正、负极之间传导锂离子。聚合物电解质不仅具有良好的导电性，还具备高分子材料所特有的质量轻、弹性好、易成膜等特性，也顺应了化学电源质量轻、安全、高效、环保的发展趋势。

锂聚合物电池以锂合金作为正极，以高分子导电材料、聚乙炔、聚苯胺或聚对苯酚等作为负极，有机溶剂作为电解质。锂聚苯胺电池的比能量可达到 350 Wh/kg，但比功率只有 50～60 W/kg，使用温度为 -40 ℃～70 ℃，寿命约为 330 次左右。通过对正负极与电解液材料的不断改进，锂聚合物电池的性能也在不断提升。

锂聚合物电池按电解质可分为三类：

（1）凝胶聚合物电解质锂离子电池，是在固体聚合物电解质中加入添加剂提高离子电导率，使电池可在常温下使用；

（2）固体聚合物电解质锂离子电池，电解质为聚合物与盐的混合物，在常温下的离子电导率低，适于高温使用；

（3）复合凝胶聚合物正极材料的锂离子电池，导电聚合物作为正极材料，其比能量是现有锂离子电池的3倍，是最新一代的锂离子电池。

命名方式：锂离子聚合物电池一般采用6～7位数进行命名，分别表示厚/宽/高，如 PL6567100 表示厚度为 6.5 mm、宽度为 67 mm、高度为 100 mm 的锂离子聚合物电池，其中 PL 表示该电池属聚合物类别。锂离子聚合物电池制作工艺一般采用叠片软包装，所以，尺寸改变灵活、方便，型号相对较多。

锂聚合物电池是更新一代电池，在1999年大批量进入市场。锂聚合物电池除电解质是固态聚合物，而不是液态电解质外，其他方面与锂离子电池基本相同。

聚合物电解质材料是由溶体组成的普通薄膜，在溶体中主体聚合物如聚乙烯的氧化物作为不移动的溶剂。固态电解质像一个密封凝胶，在充电过程中不会轻易自燃解体。

锂聚合物电池的优点如下：

（1）无电池漏液问题，其电池内部不含液态电解液，使用胶态的固体。

（2）可制成薄型电池：以 3.6 V 400 mAh 的容量，其厚度可薄至 0.5 mm。

（3）电池可设计成多种形状。

（4）电池可弯曲变形：高分子电池最大可弯曲 90°左右。

（5）可制成单颗高电压：液态电解质的电池仅能以数颗电池串联得到高电压，高分子电池由于本身无液体，可在单颗内做成多层组合来达到高电压。

（6）容量比同样体积的锂离子电池高出一倍。

◇ 拓展

市场应用现状

锂离子电池早在1992年开始就已经商业化，而锂聚合物电池在1999年后才投入商业化。尽管如此，自1999年商业化生产以来，液态锂离子电池的发展一直落后于锂聚合物电池的发展速度，在2002年，锂离子电池的市场份额的7%已经被锂聚合物电池占领，至2005年大概占到了9.3%的市场份额，到2010年已经上升到了30%左右。

锂聚合物电池是相当先进的可充电电池，欧、美、日等各国及中国台湾地区都加大研究力度和开发进程。像日本SONY能源技术与中国台湾地区Moli电池部在1991年联合开发了一种以聚糖醇热解碳（PFA）为负极的锂聚合物电池。1993年，美国Bellcore（贝尔电讯）首先报道了采用PVDF凝胶电解质制造成的锂聚合物电池（PLIB）。1996年，美国Bellcore宣布了一套相对完备的锂聚合物电池的规模化生产技术。随后，日本的索尼、松下等公司宣布将联合生产锂聚合物电池。日本人将1999年定为锂聚合物电池的元年，锂聚合物电池已在实际中得到了应用。

由于锂聚合物电池使锂二次电池安全性和循环性能都得到保障，并且具有比能量高、工作温度范围宽、工作电压平稳、贮存寿命长等优点，被誉为"最有前途的化学电源"。苹果全系列产品均采用锂聚合物电池，iPad用的大聚合物电芯主要由ATL、力神、SDI、SONY、LGC共同提供。另外，丰田、日产等日系车企也在大力研发聚合物锂电池，用以匹配普锐斯和LEAF等新能源汽车。这类新型高能电池也会在 MacBook 和 MacBook Pro 的未来新产品中采用。尽管锂聚合物电池的成本较锂离子电池高出许多，仅在高档手机和笔记本计算机采用，但事实上，车用锂聚合物电池也已开始发展。

根据锂聚合物电池的优点可以看出，许多厂商都已推出商品化的锂聚合物充电电池，而所关注的焦点都是在于其超薄的特性。一般而言，以 2～4 mm 作为锂聚合物电池的厚度，较最小厚度的锂离子电池则可至少降低一半左右，因此，也给厂商在设计产品时提供相当大的可自由发挥的空间。

7.3.3 锂电池常见规格参数

1. 电池容量

用 Ah（安时）或 mAh（毫安时）标注，这表示在一定条件下（放电倍率、温度、终止电压等），可以将电池放出的电量大小理解为电池的容量，通常以安培·小时为单位。如标称 1 000 mAh 电池，如果以 1 000 mA 放电，可持续放电 1 h。如果以 500 mA 放电，可以持续放电 2 h。但是因为电池放电并不均匀，实际上和理论上还是有些差距。

2. 电量

上述容量的表示方法只注重了电流参数，没有增加电压参数，电量的表示方法则将两者进行了综合，计算方式为

$$电压容量（Ah）= 电量（单位为 Wh）$$

这里所说的电量概念同日常生活中"多少度电"的概念是一致的。

3. 电池电压

电池电压用 V 标注，表示电池正负极之间的电压压降。目前工业生产的锂电池单体电芯的额定电压大多为 3.7 V，为了让电池能有更高的工作电压和电量，必须对电池单体电芯进行串联和并联构成锂聚合物电池组，电池组上面经常出现 S 和 P 的字样，S 表示串联，P 表示并联。例如，"6S1P"就是 6 节电芯串联，如果是"4S2P"就是每 4 节电芯串联，然后 2 串这样的电芯组再并联成一块完整的电池，如图 7-9 所示。电芯单体 1 节标注电压为 3.7 V，充满电压为 4.2 V。

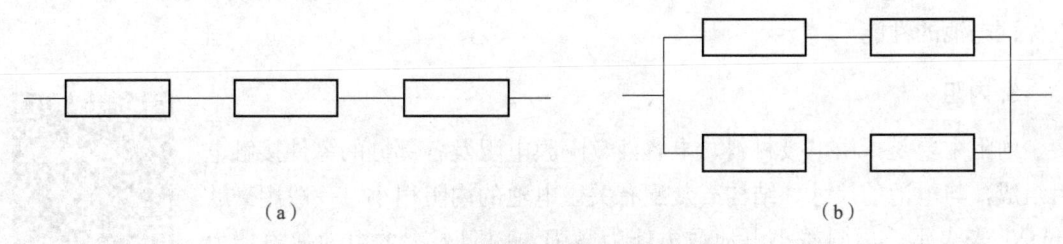

图 7-9 锂电池电芯组合方式

（a）3S1P；（b）2S2P

4. 放电倍率

锂聚合物电池能以很大电流放电，这类电池通常也被称为动力电池；普通锂离子电池不能以大电流放电，这是两者最重要的区别之一。放电倍率代表了电池放电电流的大小，代表电池放电能力，这个放电能力用 C 来表示，表示电池充放电时电流大小与电池自身容量之间的比率，即倍率。例如 2 200 mAh 的电池，0.2 C 放电表示放电电流为 440 mA（2 200 mAh 的 0.2 倍率）。1 C 放电表示放电电流 2 200 mA 即 2.2 A。如果用低 C 数的电池大电流放电，电池会迅速损坏，甚至自燃。另外，倍率越高电池越贵，同容量的 30 C 电池价格可能是 5 C 的 3、4 倍。竞速无人机上使用的动力电池，其最大放电系数可以达到 120 C。

5. 充电倍率

充电倍率也是用 C 表示，只是将放电变成了充电，如 1 000 mAh 电池，2 C 充电，就代表可以用 2 A 的电流来充电。超过规定参数充电，电池很容易缩短寿命和损坏。一般锂离子电池充电电流设定为 0.2 ~ 1 C。

6. 放电终止电压

放电终止电压是指电池放电时，电压下降到电池不宜再继续放电的最低工作电压值。不同的电池类型及不同的放电条件，终止电压不同。

7. 放电温度

不同温度下的放电曲线是不同的。在不同温度下，电池的放电电压及放电时间也不同，电池应在 –20 ℃ ~ +60 ℃ 温度范围内进行放电工作。电池的容量和周围的温度有着密切的联系，存在反比函数的关系。我们看到电池上表明的容量是按照标准温度（气温）摄氏 25 ℃ 计算的。

当温度每下降 1℃ 时，相对容量大约下降 0.8%。这就不难解释为什么电动车电池在冬天的容量会变小了。如果掌握了容量和温度的关系，在电池修复过程中，对于判断修复结果有重要意义。例如气温或周围温度为 0℃ 时修复后的电池 5 A 放电达到 100 min，不考虑环境温度这个因素，那么计算出的容量约为 8 AH 左右，但是由于环境温度比标准温度低 25 ℃，电池本身的容量已下降了 20% 左右，如果加上这个因素，经过计算这块电池应该达到标准电池容量 10 AH。

无人机在低温环境飞行时，应在飞行前及飞行过程中，给电池做好加温及保温工作，以保证电池的性能。

8. 内阻

内阻主要是指由电极材料、电解液、隔膜电阻及各部分的零件接触电阻组成，与电池的尺寸、结构、装配有关。电池的内阻很小，一般用毫欧（mΩ）来表示，内阻越小电池放电能力越强，内阻越大的电池放电能力越弱。

电池的基本参数

7.3.4 18650锂电池

18650是锂离子电池的鼻祖——日本SONY公司当年为了节省成本而定下的一种标准性的锂离子电池型号。其中18表示直径为18 mm、65表示长度为65 mm、0表示为圆柱形电池，如图7-10所示。

图7-10　18650锂电池

1. 优点

（1）容量大。18650锂电池的容量一般为1 200～3 600 mAh，而一般电池容量只有800 mAh左右，如果将18650锂电池组成18650锂电池组，那么，18650锂电池组可突破5 000 mAh。

（2）寿命长。18650锂电池的使用寿命很长，正常使用时循环寿命可达500次以上，是普通电池的两倍以上。

（3）安全性能高。18650锂电池安全性能高，不爆炸、不燃烧、无毒、无污染，经过RoHS商标认证，各种安全性能一气呵成，循环次数大于500次；耐高温性能好，在65 ℃的条件下放电效率达100%。为防止电池发生短路现象，18650锂电池的正负极是分开的。所以，它发生短路现象的可能已经降到了最低。可以加装保护板，避免电池过充过放，这样还能延长电池的使用寿命。

（4）电压高。18650锂电池的电压一般都在3.6 V、3.8 V和4.2 V，远高于镍镉和镍氢电池的1.2 V电压。

（5）没有记忆效应。在充电前不必将剩余电量放空，使用方便。

（6）内阻小。聚合物电芯的内阻较一般液态电芯小，国产聚合物电芯的内阻甚至可以做到10 mΩ以下，极大地减低了电池的自耗电，完全可以达到与国际接轨的水平。这种支持大放电电流的聚合物锂电池是遥控模型的理想选择。

（7）可串联或并联组合成18650锂电池组。

（8）使用范围广。

2. 缺点

（1）18650锂电池尺寸固定。相对其他聚合物锂电池等可定制和可变换大小来讲这就是一个缺点。

（2）18650锂电池生产均需要有保护线路，防止电池被过分充量而导致放电。锂电池采用的材料基本都是钴酸锂材料，而钴酸锂材料的锂电池不能进行大电流放电。

（3）18650锂电池的生产条件要求高。相对于一般的电池生产，18650锂电池对生产条件要求很高，这无疑增加了生产成本。

7.3.5 智能锂电池

多旋翼无人机或者航模基本使用了可充电的锂电池，这种电池的缺点就是不能过放电，一旦过放就意味着电池性能的下降，甚至报废。为了避免过放电，人们在电池组里增加了过放电保护电路，当放电电压降到预设电压值时，电池停止向外供电。然而实际的情况还要更复杂一些，比如，若因避免电池过放电而立即停止供电，那么多旋翼无人机就会从天上直接掉下来。因此，智能电池的放电截止只是电池自我保护的最后一道防线，在此之前，管理电路还是要计算出末端续航时间，为用户提供预警，以便用户有足够的时间来采取相应的安全措施。

对于续航时间的计算，在小电流设备上处理起来要简单得多，如笔记本计算机、手机等。但是，对于像多旋翼这类工作电流大、电流变化大、工况复杂的系统来说，需要动态计算续航时间，那情况就变得复杂多了。

有些厂家的电池比较高级，针对无人机这种用户专门做了一些安全优化，例如：

第一级：当检测到电量剩余 30% 时，开始报警，提示用户应该注意剩余电量，提前做好返航准备。

第二级：当检测到剩余电量仅够维持返航时，开始自动执行返航；而这个时间点的把握，与飞行距离、高度有关，是智能电池数据与无人机飞控数据融合后实时计算出来的。

第三级：当检测到剩余电量都不足以维持正常返航时（如返航途中遇到逆风，则有可能超出预估的返航时间），则执行原地降落，可最大限度避免无人机因缺电导致坠毁。

续航时间的计算结果与飞行距离、飞行高度、当前电机输出功率等因素有关。这些因素是动态变化的，而且变化幅度有可能很大，所以，需要实时计算，这对智能锂电池管理芯片、算法设计都提出了极高的要求。

下面以多旋翼植保无人机上使用的 B12710 智能电池（图 7-11）为例，来学习使用智能电池的有关知识。

1. B12710 智能电池特性

（1）智能电池是将普通电池繁杂的使用与管理工作交给电池内部的计算机（BMS）自动来完成，使电池的使用与管理实现了智能化、自动化。

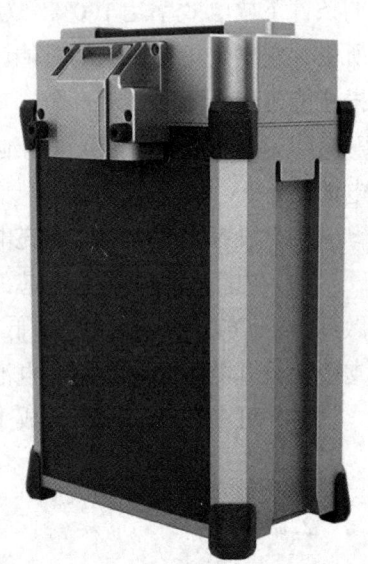

图 7-11　B12710 智能电池

（2）通过数据交互实时地以可视化方式显示出来，使用户能实时了解电池工作状态，同时具备日志记录。

（3）智能电池唯一需要的操作就是开机和关机。

2. B12710 智能电池参数

规格：183 mm×146 mm×280 mm。

质量：5 kg。

充电时间：约 40 min。

标称容量：16 000 mAh。

循环次数：300 次。

3. B12710 智能电池功能

B12710 智能电池的主要功能有外壳防护、专用接口、电量指示、自动平衡、自动放电、温度监测、自动加热、带载开机、电量显示、电压显示、电流显示、使用记录、容量显示、温度监测、电芯状态、报警显示等，如图 7-12 所示。

图 7-12　B12710 智能电池功能

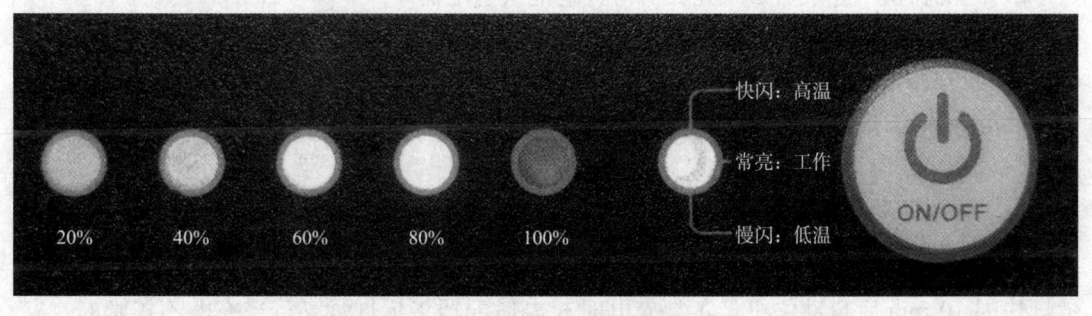

4. B12710 智能电池操作使用

（1）智能电池指示灯（图 7-13）。

图 7-13　B12710 智能电池指示灯

1)"绿灯"指示电池电量及充电状态。

①五颗绿灯常亮：90%～100%。

②四颗绿灯常亮：70%～90%。

③三颗绿灯常亮：50%～70%。

④两颗绿灯常亮：30%～50%。

⑤一颗绿灯常亮：10%～30%。

⑥一颗绿灯单闪：5%～10%。

5%电池锁止，此时一颗绿灯双闪；0%电池直接断电。

2)"红灯"指示电池电源及故障状态。

①红灯常亮：正常。

②红灯快闪：高温报警（无法充电）。

③红灯慢闪：低温报警（电池自动加热至红灯常亮）。

④红灯双闪：电池故障（无法充电）。

（2）电池安装。将电池安装在飞机上，顺着电池卡槽慢慢放下电池并平着按压电池，并听见"咔嗒"声，安装完成。取下电池时提住把手，用大拇指捏住卡扣就可提出，更换过程仅需几秒。

使用适配器时，适配器方向要正确，挂钩置于挂钩槽中平贴电池，适配器接口对准电池接口向接口方向推，并听见"咔嗒"声，安装完成。取下时一只手捏着卡扣，另一只手拿着适配器往接头的反方向拉就可取下。

（3）电池开机与关机。

1)开机：长按电源键待电量指示灯（即绿灯）闪烁后松开按键，再长按电源键，看到电源指示灯（即红灯）亮起并听见"嘀"声，开机完成。

2)关机：长按电源键待电量指示灯（即绿灯）闪烁后松开，再长按电源键，指示灯全部灭掉，关机完成。

长按电源键5 s可开启电池预加热。

（4）电池使用注意事项。

1)安装电池时应当检查电池接头处是否有异物，尤其是金属异物，轻则电池安装不到位，重则会造成短路。

2)电池在使用完成后必须先关机再拔电池或适配器。

3)使用时应避免磕碰或跌落。

4)非专业人员切勿拆卸智能电池。由于智能电池内部有诸多精密电子元器件及高压，如智能电池出现任何问题，切勿私自拆卸智能电池，应将其交由保障中心的专业人员进行维修。

（5）智能电池的充电。充电过程：连接电源插头→连接适配器→开启电池。

充电时电源指示灯常亮，电量指示灯依次闪烁。充满后蜂鸣器鸣叫1 min同时电量指示灯快闪10 min后自动关机。正常充电时充电适配器指示灯常亮，当充电不正常时，适配器上的灯会闪烁,如图 7-14 所示。

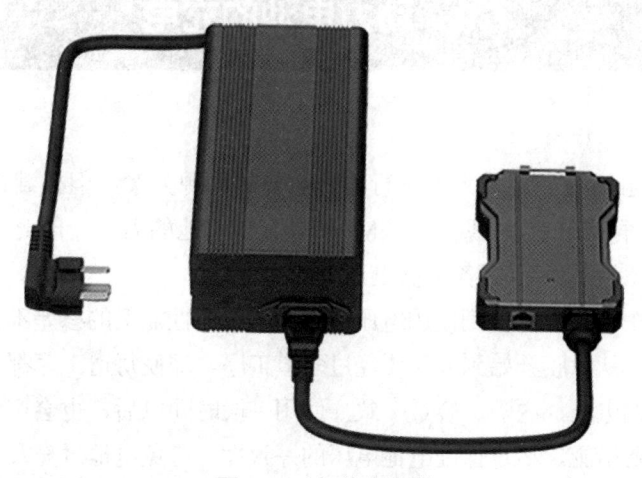

图 7-14 智能充电器

最大功率:800 W。

输入电压:200 V~240 V/AC。

输出电压:50.4 V15 A/DC。

(6)充电注意事项。

1)充电时必须有专人值守。

2)禁止对刚使用完还没有冷却的电池进行充电。

3)充电时各充电器之间应保持一定间隔以保证散热。

4)充电器的电源线应摆放整齐。

(7)智能电池充电场地要求。

1)充电场地要求通风防潮、禁止暴晒、远离高温、严禁烟火。

2)充电场地必须配备相应的消防灭火设施及器材,如灭火器、消防沙、石棉毯等。

3)充电环境温、湿度应适宜。

4)充电场地电网总负荷应大于总充电器负荷。

(8)智能电池存储。

1)应配有相应的消防灭火器材如灭火器、消防沙、石棉毯等。

2)存储时电量至少在 50% 以上,长时间不用应定期检查,至少 3 个月充满一次电。

3)注意保持仓库干燥、干净。

建议有专人 24 h 值班,值班人员应具备较高的消防意识。

(9)电池运输注意事项。

1)电池运输过程中应摆放稳固不可码放,防止车辆颠簸造成电池磕碰损坏。

2)运输过程中要远离水桶、药桶等盛液体的容器,防止颠簸液体洒出造成电池损坏。

3)远离尖锐物品,防止刺穿或划伤。

7.4 动力电池的充电

虽然锂聚合物电池是多旋翼无人飞行器最主要的电源方案,但机载设备、遥控器一些设备上面还有酸铁锂(LiFe)和镍氢(NiMH)等其他电池的需求,因此,选用充电器时最好也要考虑到多旋翼无人飞行器各个供电系统的需求。

锂电池在使用中必须串联达到使用电压的需要,单体性能上的参差不齐并不全是缘于电池的生产技术问题,从涂膜开始到成品要经过多道工序,即使每道工序都经过严格的检测程序,当时每块电池的电压、内阻、容量一致,使用一段时间以后,也会产生差异。所以,实际应用中需采取必要措施,尽量保证电池电压的一致性,避免电池过充及过放。因此,锂聚合物需要专用的充电器,根据充电的不同主要分为并行式平衡充电器和串行式平衡充电器。

1. 并行式平衡充电器

并行式平衡充电器使被充电的电池块内部每节串联的电池都配备一个单独的充电回路,互不干涉,毫无牵连。每节电池都受到单独保护,并且每节电池都按相关规范在充饱和后自动停止充电。由于一般电池的平衡线的引线较细,受插接头和引线功率负载的限制,并行式平衡充电器一般充电电流最大不超过 5 A。

2. 常见并行式平衡充电器

(1) A6 充电器。A6 充电器具有充电截止电压(1.5~4.2 V)可调;充电电流(0.3~8 A)可调;可工作在人工、自动、放电、级联四种模式下,可进行充电量选择(保存电池时充入 40% 电量,即单片电压 = 3.85 V)和充满使用(单片电压 = 4.2 V);充电时间可设置等功能,如图 7-15 所示。

(2) 乐迪 CB86PLUS 充电器。乐迪 CB86PLUS 充电器的最大输出功率为 156 W,可支持 8 组 1 S~6 S 锂电池充电,充电电流 0.1~6 A 可调,如图 7-16 所示。

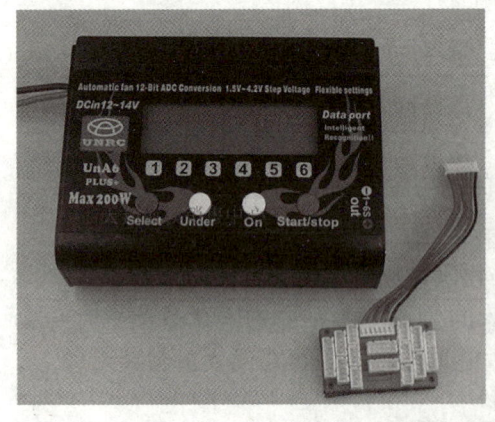

图 7-15　A6 充电器　　　　　　　图 7-16　乐迪 CB86PLUS 充电器

3. 串行式平衡充电器

串行式平衡充电器主要充电回路接线是在电池的输出正负极上，在电池组的各单体电池上附加一个并联均衡电路，常采用两种不同的工作模式对单体电池电压进行平衡，一类是放电式平衡，在电池组的各单体电池上附加一个并联均衡电路，以达到分流的作用。在这种模式下，当某个电池首先达到满充时，均衡装置能阻止其过充并将多余的能量转化为热能，继续对未充满的电池充电。该方法简单，但会带来能量的损耗，不适合快充系统。另一类是能量转移式平衡。在这种模式下运用分时原理，通过开关组件的控制和切换，使额外的电流流入电压相对较低的电池以达到均衡充电的目的，这种平衡充电方式可以用较大的电流充电。

4. 常见串行式平衡充电器

（1）B6智能充电器。B6智能充电器的输出功率为50～60 W，可充Li-Ion-Po-Fe、Nicd/NiMH、Pb等多种型号电池。它主要用于机械设备、遥控器等小容量电池的充电，如图7-17所示。

（2）PL8智能充电器。PL8智能充电器的输出功率为1 344 W，可充Li-Ion-Po-Fe、Nicd/NiMH、Pb等多种型号电池。它主要用于动力电池充电及外场快速充电，如图7-18所示。

图7-17　B6智能充电器　　　　　图7-18　PL8智能充电器

（3）ICharger4010duo双路2 000 W大功率充电器。ICharger4010duo双路2 000 W大功率充电器采用双路独立输出，单路最大输出功率为1 000 W，支持Li-Ion-Po-Fe、Nicd/NiMH、Pb等多种型号电池充电。它主要用于大容量动力电池充电和外场快速充电，如图7-19所示。

5. 充电器辅助设备

（1）电源适配器。目前常见的充电器输入电压一般为12～48 V，只有小功率的充电器将电源适配器与充电器集成于一体，大功率基本都是独立供电的。在给充电器选配电源适配器时，考虑到备用功率、转换效率和设备损耗

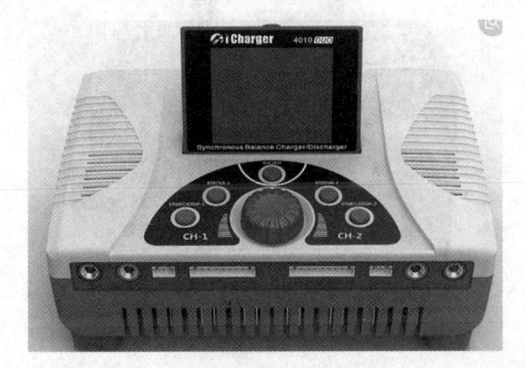

图7-19　ICharger4010duo双路2 000 W
大功率充电器

的影响，以及充分发挥充电器最佳性能，电源适配器的最大输出功率要和充电器的最大输出功率的比值不低于 1.2～1.5∶1，如图 7-20 所示。例如，1 台输出功率 1 000 W 的充电器，应该为其配置一台输出功率不低于 1 200 W 的电源适配器。

（2）并充板。为了解决多块电池同时充电的需求，有的配套厂家开发出并充板，如图 7-21 所示。并充板的工作原理是将需要充电的多块电池的平衡接线和输出端分别并联进行充电，这种充电方式要求被充电电池必须是完全一样的型号，即相同的标称电压和容量，同时充电前的电压也要基本接近，电池单体误差最好在 0.1 V 以内。由于并充板在使用过程中无法检测到每个独立的电池单元的充电情况，因此，在使用中存在较大的安全隐患，应慎重使用。

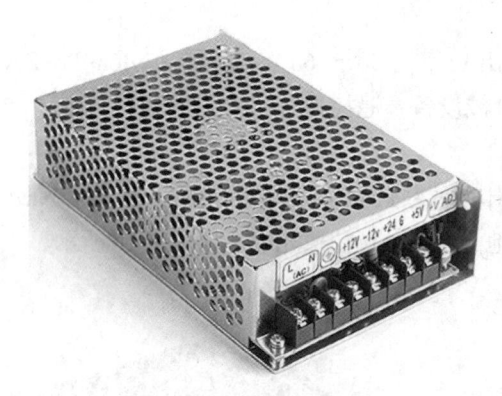

图 7-20　电源适配器

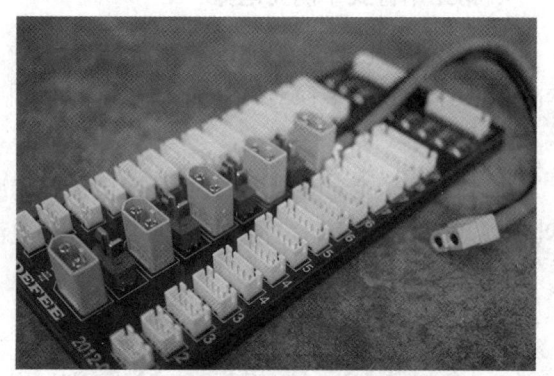

图 7-21　并充板

（3）发电机。在作业时为解决外场充电的需要，往往要为充电设备配备发电机组，一般选用质量较轻的汽油发电机，便携式汽油发电机一般由动力部分和发电机部分组成。根据动力部分的不同一般可以分为两冲程发电机和四冲程发电机。同样输出功率指标的两冲程发电机的质量较轻，但是工作时噪声较大，油耗高，由于使用的是混合油的润滑方式，发电机废弃排放污染较为严重，如图 7-22 所示。四冲程发电机运行时较为平稳，噪声较小，废弃排放对环境污染比两冲程的小很多，油耗也低，但成本较两冲程发电机要高，如图 7-23 所示。

图 7-22　雅马哈两冲程小型汽油发电机
ET950 额定功率 650 W

图 7-23　雅马哈四冲程小型汽油发电机
EF6600 额定功率 5 000 W

7.5 各种电池性能比较

不同电池类型性能比较见表 7-3。

表 7-3 不同电池类型性能比较

电池类型	单体电压	充放电特性	用途
锂聚合物电池	3.7 V	无记忆效应，过放出现鼓包，大电流放电	动力电源
铅酸蓄电池	6 V、12 V	无记忆效应，大电流放电	启动电源
镍氢电池	1.2 V	小记忆效应，小电流放电	设备电源
镍镉电池	1.2 V	强记忆效应，大电流放电	早期动力电源
干电池	1.5 V	不可充电，小电流放电	临时设备电源

7.6 正确使用与保养动力电池

根据无人机采用的锂聚合物电池的特性，正确使用电池能确保电池的寿命不降低，从而最大限度保证无人机的飞行安全，通常需要做到以下几个方面。

1. 不过放

电池的放电曲线表明，刚开始放电时，电压下降速度比较快，但放电到 3.7～3.9 V，电压下降速度较慢。一旦降至 3.7 V 以后，电压下降速度就会加快，控制不好就导致过放，轻则损伤电池，重则电压太低造成炸机。有些飞手因为电池较少，所以，每次飞都会过放，这样的电池很短命。策略是，尽量少飞 1 min，寿命就多飞一个循环。宁可多买两块电池，也不要每次把电池用到超过容量极限。要充分利用电池报警器，一报警就应尽快降落。

2. 不过充

有些充电器在充满以后的断电功能不完善，导致单片电池充满到 4.2 V 还没有停止充电。另外，有些充电器使用一段时间以后，因为元器件老化，也容易出现充满不停止的问题。因此，锂聚合物电池充电的时候一定要有人照看，当发现充电时间过长时，要人工检查充电器是否出现故障,如果出现故障要尽快拔掉电池,否则锂聚合物电池过充,轻则影响电池寿命,重则直接出现爆炸起火。另外要注意,充电时一定要按照电池规定的充电 C 数或更低的 C 数进行充电,不可超过规定充电电流。

3. 不满电保存

充满电的电池不能满电保存超过 3 天,如果超过一个星期不放掉,有些电池就直接鼓包了,有些电池可能暂时不会鼓,但几次满电保存后,电池可能会直接报废。因此,正确的方式是,在接到飞行任务后再充电,电池使用后如在 3 天内没有飞行任务,请将单片电压充至 3.80~3.85 V 保存。再有充好电后因各种原因没有飞,也要在充满后 3 天内把电池放电到 3.80~3.85 V 保存。如在 3 个月内没有使用电池,将电池充放电一次后继续保存,这样可延长电池使用寿命。

4. 不损坏外皮

电池的外皮是防止电池爆炸和漏液起火的重要结构,锂聚合物电池的铝塑外皮破损将会直接导致电池起火或爆炸。电池要轻拿轻放,在飞机上固定电池时,扎带要束紧。因为会有可能在做大动作飞行或摔机时,电池会因为扎带不紧而甩出,这样也很容易造成电池外皮破损。

5. 不短路

不短路往往发生在电池焊线维护和运输过程中。短路会直接导致电池打火或起火爆炸。当发现使用过一段时间后电池出现断线的情况需要重新焊线时,特别要注意电烙铁不要同时接触电池的正极和负极。

6. 电池保存在安全环境

(1)不要在高温/低温环境充放电。极端温度会影响电池的性能和寿命,充电前应检查已使用过的电池是否已经冷却,不要在寒冷的车库、地下室、阳光直射下或热源附近充放电。

(2)电池应保存在阴凉的环境下。长期存放电池时,最好能放在密封袋中或密封的防爆箱内,建议环境温度为 10 ℃~25 ℃,且干燥、无腐蚀性气体。

(3)在起飞之前要给电池做保温处理,将电池保存在温暖的环境中,如房屋内、车内、保温箱内等。要起飞时快速安装电池,并执行飞行任务。在低温飞行时尽量将时间缩短到常温状态的一半,以保证安全飞行。在北方或高海拔地区常会有低温天气出现,此时电池如长时间在外放置,它的放电性能会大大降低,如果还要以常温状态时的飞行时间去飞,那一定会出问题。此时应将报警电压升高(如单片报警电压调至 3.8 V),因为在低温环境下压降会非常快,报警一响立即降落。

7. 电池应安全运输

电池最怕磕碰和摩擦,运输磕碰可能引起电池外部均衡线短路,短路会直接导致电池打火或起火爆炸。另外,要避免导电物质同时接触电池的正极和负极而短路。在运输电池的过程中，最好的办法是给电池单独套上自封袋后置于防爆箱内。植保无人机中的部分农药助剂属易燃助剂，所以，应把农药与电池分开放置。

8. 远离农药，防止电池腐蚀

植保无人机作业中的药水对电池有一定腐蚀性，外部防护不到位也会对电池造成腐蚀。不正确的使用方式还可能对电池的插头产生腐蚀。因此，用户在充电后、实际作业时必须避免药物对电池的腐蚀。作业结束后电池放置时必须远离药物，这样才能减少药物对电池的腐蚀。

9. 正确保养电池

应定期检查电池主体、把手、线材、电源插头，观察外观是否受损、变形、腐蚀、变色、破皮，以及插头与飞机的接插是否过松。飞行结束后电池温度较高，需待飞行电池温度降至 40 ℃ 以下再对其进行充电（飞行电池充电最佳温度范围为 5 ℃ ～ 40 ℃）。作业结束后，建议对电池进行慢充。

夏季：从户外高温放电后或高温下取回电池最好不要立即进行充电，待电池表面温度下降后再对其进行充电，这样可以大大提高电池的寿命周期。夏季气温比较高，电池最好不要暴晒在阳光下。

冬季：放电后电池采取有效的保温措施（如使用保温箱保存），以确保电池的温度保持在 5 ℃ 以上，低温环境下电池的续航时间会有明显的缩短，出现低电量报警后，需立即返回降落。

10. 电池应急处置方法

电池在充电站上发生起火时，首先切断设备电源，用石棉手套或火钳摘下充电站架上燃烧的锂电池，放置于地面或消防沙桶中，用石棉毯盖住地面上锂电池燃烧的火苗，并将消防沙掩埋石棉毯上隔绝空气令其窒息。若需将使用殆尽的电池报废，应用盐水完全浸泡电池 72 h 以上，确保完全放电后再进行晾干报废。

切忌：用干粉扑灭，因干粉对固体金属化学火灾需要大量粉尘覆盖，且对设备有腐蚀作用，污染空间。

二氧化碳不污染空间和腐蚀机器，但只能达到对火苗瞬间抑制作用，需用沙石、石棉毯配合使用。

隔离窒息是应对锂电池燃烧的最好方法。

第一时间发现者尽快扑救，同时用通信工具通知其他人员增援，最大限度减少财产损失和人员伤害。

航模电池的相关知识　　　　　　　　　利用烙铁自制 4s2p 21700 航模电池组

【项目小结】

本项目主要讲述了电池的分类及特性。

电池是电动无人机的供能部件,其种类繁多。无人机上主要使用锂聚合物电池,锂聚合物电池具有储能密度大、放电倍率大、单体电压高等优点。电池可以通过串、并联得到合适的电压与容量,串并联一般用 S 与 P 表示。

电池的常用规格参数主要有电池容量、电压、放电倍率、放电终止电压和内阻等,这些参数决定了电池的基本特性。

动力电池的充电与储存都应按照相关标准进行,以免因为操作失误导致电池失效,严重时可能引发火灾。

【巩固提高】

1. 锂离子电池的基本参数都有哪些,具体代表什么含义?
2. 锂电池的充电与存储有什么注意事项?
3. 在日常生活中哪些场景应用到了电池,使用的是何种类型的电池?

【实训 7】

电池的放电测试

■ 任务描述

使用充电器将电池充满电,利用电池测试仪完成对动力电池的放电测试,通过放电电流大小的设置了解动力电池的性能,记录数据并进行比对。

■ 任务目标

能够正确地使用充电器进行充电,掌握电池测试仪的设置及使用,了解动力电池的基本特性,能够独自完成电池放电测试并对结果进行简单分析。

■ 任务实施

1. 18650 电池简介

18650 电池是电子产品中比较常用的锂电池。其电池的直径为 18 mm,长度为 65 mm,单节标称电压为 3.7 V,充电电压为 4.2 V,最小放电为 2.75 V,是圆柱体的电池。

18650 电池因其具有容量大、储能效率高、稳定性好、没有记忆效应、循环寿命高、不含毒性物质等优点,被广泛使用在工业领域及笔记本计算机、对讲机、仪器仪表等电子设备。经过多年的发展,18650 电池的制备工艺已经非常成熟,除性能有了极大提升外,其安全性也非常完善。为了避免密闭的金属外壳发生爆炸,现在 18650 电池都会在顶部配有一个安全阀，安全阀是每个18650电池的标配，也是最重要的一道防爆屏障。当电池内部压力过大时，其顶部安全阀会开启排气减压，避免爆炸，另外，为防止电池内部泄露出的化学物质在高温的条件下与空气中的氧气发生化学反应，从而出现起火，现在部分18650电池还自带保护板，具有防止过充、过放和短路等保护功能，安全性能十分高。

2. 18650电池测试元件准备

（1）电池：18650电池（图7-24）。

（2）电池夹（图7-25）。

图7-24　18650电池　　　　图7-25　电池夹

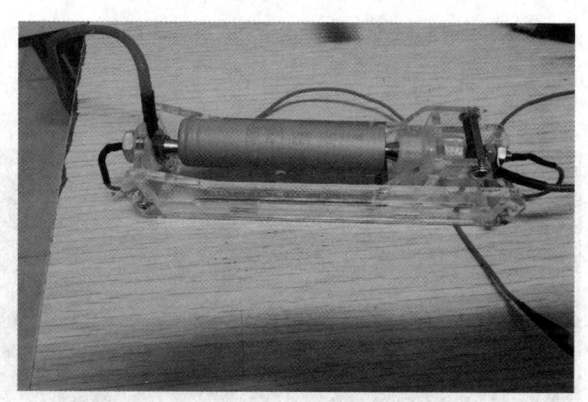

（3）电池容量测试仪（图7-26）。

（4）锂电池充电器（图7-27）。

图7-26　电池容量测试仪　　　　图7-27　锂电池充电器

（5）计算机：TEC电池检测系统V6.8.3。

3. 18650电池测试

（1）打开计算机中TEC电池检测系统V6.8.3。

（2）18650电池充满电的电压是4.2 V，待电池完全充满电放入电池夹中。插上电源，通过旋转电池容量测试仪上的旋钮设置数据，电流设置为17 A，关断电压设置为2.4 V。

连接计算机和测试仪，并在软件上连接。等待电池放电到关断电压自动停止并有警报声响起后保存数据，关掉设备，收拾设备，结束试验。

（3）测试数据分析。18650 电池放电过程：一节 18650 电池充满电（4.2 V）进行放电实验时，放电时的持续电流需控制在 10～20 A，断开电压设置在 2.4 V。当电流固定为 17 A 时，电压缓缓下降，在前 10 min 电压都是呈"阶梯"状下降，下降曲线相对比较平缓，在 10 min 后到结束为止电压的下降曲线比较陡，表示电压下降很快。从图 7-28 中可以看出，一节 18650 电池在 17 A 的放电电流下能持续工作大约 11 min，能量 11.00 Wh。实验结束后，电池有一定程度的发热。一节 18650 电池在放电结束后的电流为 13.50 A，最高电压为 4.15 V，最低电压为 2.20 V，容量为 3 161 mAh，放电结束后的温度为 39.2 ℃，放电持续时间总长为 11 min 22 s。

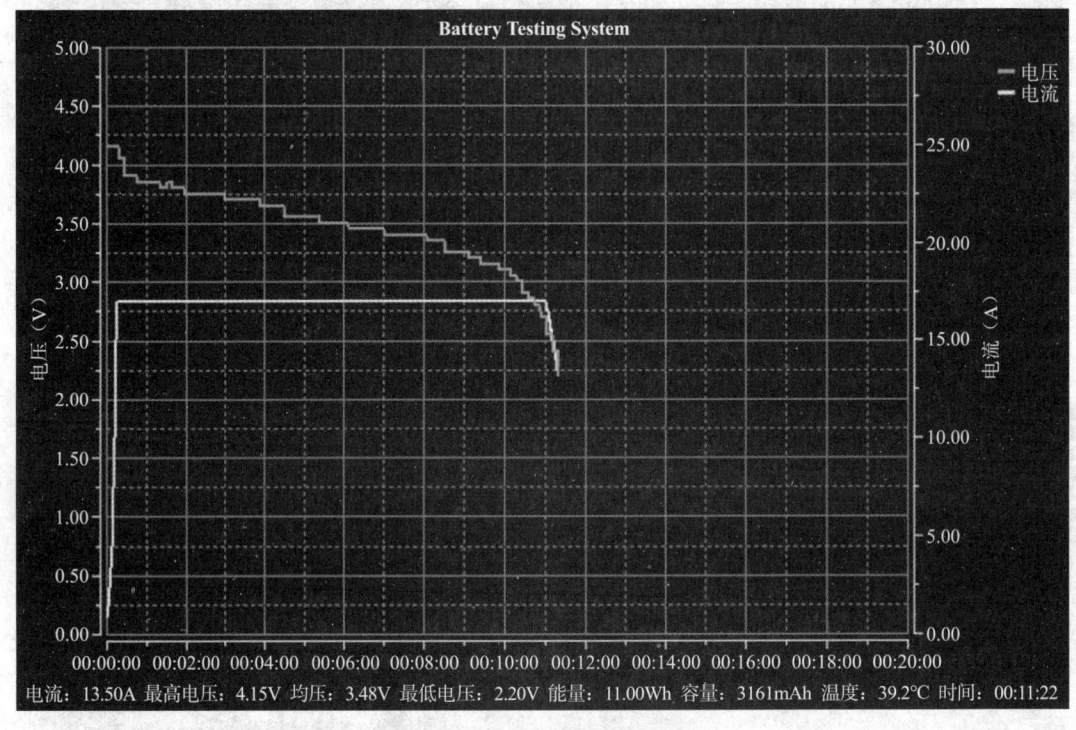

图 7-28　18650 电池放电过程

3S2P 电池测试数据结果（图 7-29）：3S2P 电池在放电过程中的最高电压为 12.50 V，最低电压为 6.95 V，能量为 64.92 Wh，电池容量为 6 130 mAh，在测试试验过程中的温度为 33.1 ℃，总的持续时间为 20 min 28 s。

在电池上，18650 电池和 3S2P 电池的对比中，18650 电池的持续放电时间明显低于 3S2P 电池，而且 18650 电池的密度比较大，容量大。实际上，这两款电池在装机后都是可以飞行的。

2212KV980 电机带动选用的螺旋桨产生的拉力很大，电池在质量上完全没有问题。该电机转动所需要的电流比较大，在带动 1047 螺旋桨转动，油门达到 30% 时，一个电机所需要的电流为 5.5 A，四个电机就需要 22 A，F450 飞机以持续电流 22 A 安全飞行时油门需控制在 30% 以下，而实验测得 18650 电池在 20 A 放电时会发烫，测量放电过程中最高温度可达到 52 ℃，存在安全隐患，所以 18650 电池不太适合用在 F450 飞机上，3S2P 电池是可以用在 F450 飞机上，在放电过程中温度相对比较低。但各有各的好处，18650 电池在生活中的用途也十分广泛，平时所用的计算机就是用 18650 电池组合成的，还有一些电动车电池也是用的这一款电池。强光手电、电蚊拍等小电器这些都开始使用 18650 电池。

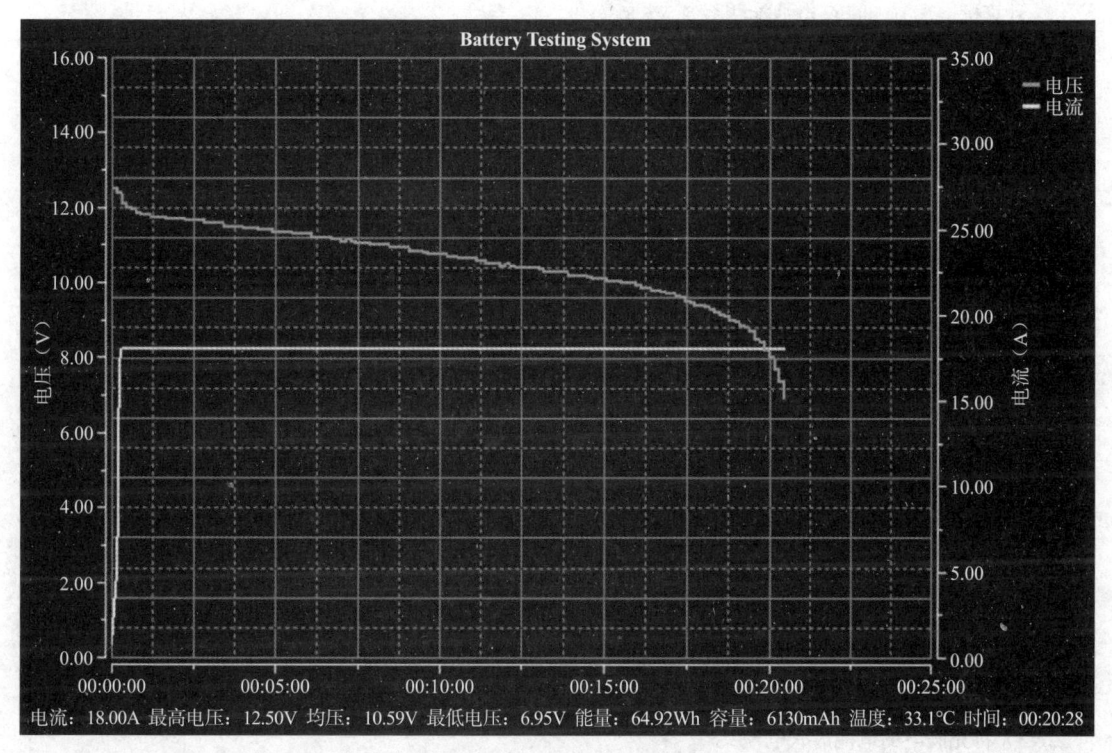

图 7-29　3S2P 电池放电过程

电池放电测试工卡见表 7-4。

表 7-4　电池放电测试工卡

工卡标题	电池放电测试		
电池型号	18650 电池和 3S2P 电池	工种	AV
工时	3 h	工作区域	无人机综合实训室
注意事项	电池必须充满，才能测出准确数据。 安装电池的时候注意不能把电池接反，红接正，蓝接负。 实验结束后先保存数据再切断电源		
材料/原件：			

续表

名称	规格型号	单位	数量	工作者	检查者
电池	18650 和 3S2P	块	2		
电池夹	BAT.FIXTURE BF-1L	个	1		
电池容量测试仪		台	1		
电池充电器		台	1		
计算机	TEC 电池检测系统 V6.8.3	台	1		
工作任务					
工作准备				工作者	检查者
（1）检查测量仪器的有效性，确保其在有效期内						
（2）准备好 18650 电池、3S2P 电池、电池夹、电池容量测试仪、计算机						
（3）选择有效的技术资料						
（4）按照材料表检查材料的种类与数量是否齐全						
（5）检测材料的好坏，如坏掉需及时更换						
（6）看懂操作步骤，如有疑问及时请教指导教师						
工作步骤				工作者	检查者
（1）把电池充满电，准备好所有设备						
（2）打开计算机 TEC 电池检测系统 V6.8.3，并连接计算机和电池容量测试仪						
（3）将充满电的电池放入电池夹						
（4）接通电源						
（5）设置电流为 17 A，关断电压为 2.4 V						
（6）连接计算机，按下按钮开始测试						
（7）等待测试电池放电结束后提取数据						
（8）提取所有的数据进行对比分析						
（9）实验结束后，断开电源，整理收拾各个设备						
结束工作				工作者	检查者
（1）清点工量具						
（2）清扫现场						

项目 08 无人机动力系统的匹配

【知识目标】
1. 掌握无人机动力系统的匹配原理；
2. 掌握动力电池匹配的相关原理；
3. 掌握电机拉力测试的基本流程。

【能力目标】
1. 能根据无人机的应用场景确定电机型号；
2. 能根据电机的需求搭配合适的电调与螺旋桨。

【素质目标】
1. 具有艰苦朴素的工作作风和迎难而上的工作信念；
2. 具备一定的创新意识；
3. 养成严谨细致的工作作风。

【学习导航】
本项目主要学习无人机动力系统的匹配。

【问题导入】
对于电动无人机来说，一套精细而高效的动力系统是其能够顺利执行任务的重要保证，那么对于不同应用场景的无人机而言：

1. 该如何搭建它的动力系统？
2. 电机与螺旋桨的搭配怎样才是合适的？
3. 应选配多大的电池才能够实现性能最优？

通过前面的学习，学生对于电动动力系统中的电机、电调、螺旋桨和动力电池的相关知识与操作时间都有了深入的了解及掌握，那么今天我们就将依托相关实训套件来系统地进行无人机动力系统的整体组装和调试，对前期所学知识和技能进行一个小结。

8.1 相关设备的检查与组装

本项目所需设备如图 8-1 所示,包括机架 1 套(带电机)、飞控板 1 块、JST 公母头 1 套、SH1.0 2P 接头 4 个(连接飞控插座)、SH1.0 3P 接头 1 个(连接接收机)、电芯 2 块、1 mm 热缩管 10 cm、10 mm 热缩管 5 cm。

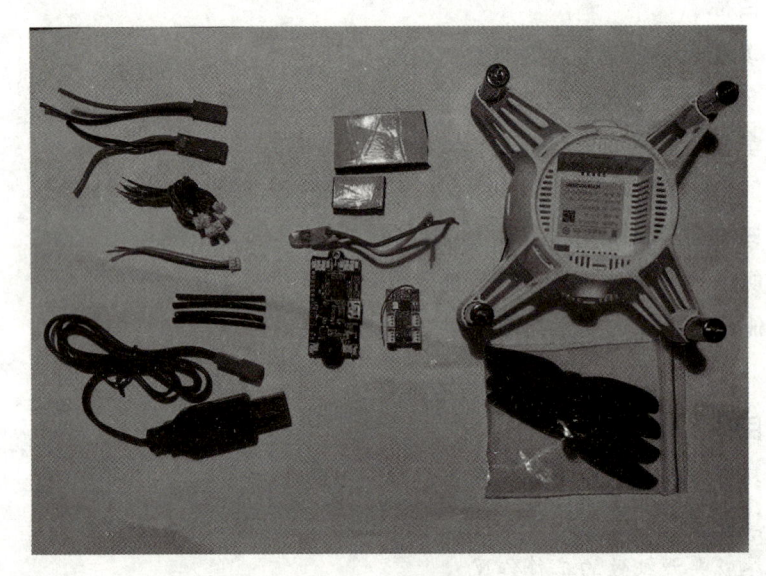

图 8-1 实训套件

飞机后期的调参还需要使用到 Beatflight 地面站,建议使用 10.7.0 版本地面站。

8.2 电机的选择

电机的选择要考虑到无人机的续航时间、飞行性质、尺寸等参数,最终做出一个综合最优的搭配选择。

以四旋翼无人机为例,先要根据电池和电调来选择合适的电机型号,其原则如下:

(1)电机工作电压由电调决定,而电调电压由电池输出决定,所以,电池的电压要等于或小于电机的最大电压。

(2)电调最大电压不能超过电机能承受的最大电压。

首先，查出要起飞的设备包括机架、图传、摄像头、螺旋桨、接收机、电池等的质量，并将它们的质量加起来，假如这时的质量是 A。然后，根据总质量选定一套中值动力，如选择某品牌的 MT2204 Ⅱ -2300KV 电机，其测试数据见表 8-1。

表 8-1　某品牌电机测试数据

电机型号	电压/V	螺旋桨尺寸	电流/A	推力/G	功率/W	效率/(G·W^{-1})	转速/(r·min^{-1})
MT2204Ⅱ-2300KV	8	HQ5040 桨	4.9	210	39.2	5.4	13 840
		HQ6045 桨	8.2	320	65.6	4.9	11 300
		6030 碳桨	6.4	240	51.2	4.7	11 910
	12	5030 碳桨	7.5	310	90.0	3.4	20 100
		6030 碳桨	11.5	440	138.0	3.2	16 300
		HQ5040 桨	8.4	390	100.8	3.9	19 040
		HQ6045 桨	13.2	530	158.4	3.3	14 600
	14.8	HQ5040 桨	10.7	510	158.4	3.2	22 180
		HQ6045 桨	15.7	620	232.4	2.7	16 100

根据表 8-1，我们选择能提供足够拉力并且效率最高的选项，即 12 V 配 5040 螺旋桨。

在本项目中，我们选择的是 8520 的有刷电机，轴径为 1.2 mm，电机通过 ph2.0 的接头与控制板相连，有刷电机的正转与反转是通过改变正负极来实现的，如果发现电机旋转方向不对，可以通过调换正负极的方式来进行修改（图 8-2）。

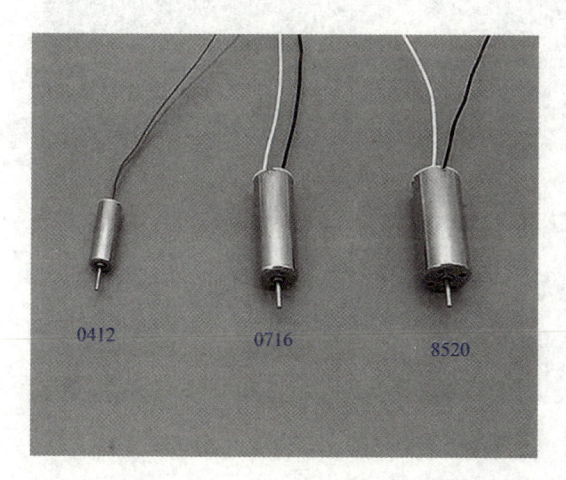

图 8-2　电机的选择与连接线

8.3 电调的选择

电机确定了,就能知道它的最大电流,可以根据电机的最大电流来选择电调。电调的选择一般遵循以下标准:

(1) 电调的输出电流必须大于电机的最大电流;

(2) 电调最高承载电压要大于电池电压;

(3) 电调最大电压不能超过电机能承受的最大电压;

(4) 电调最大持续输出电流要小于电池持续输出电流。

例如,现有电机带桨的最大负载是 20 A 电流,那么就必须选取电调能输出 20 A 以上电流的(25 A、30 A、40 A 都可以),越大越保险。另外,电池的放电电流达不到电调的电流时,电调就发挥不了最高性能,而且电池会发热,产生爆炸。所以,一般情况都需要电池的电流大于电调的电流。

在本项目中,我们选用的是空心杯有刷电机,电机的电调集成在控制板上,不需要独立的电调驱动,将电机安装在控制板上,如图 8-3 所示。

图 8-3 电机安装在控制板上

8.4 桨叶的选择

1. 桨叶的参数

螺旋桨的型号由4位数字表示，如8045、1038等。该数字的前两位和后两位分别代表桨叶两个重要的参数，即桨直径和桨螺距。桨直径是指桨转动所形成的圆的直径，对于双叶桨（两片桨叶，这是最常用的桨）恰好是两片桨叶长度之和，由前两位数字表示，如上面的80和10，单位为英寸。桨螺距则代表桨旋转一周前进的距离，由后两位数字表示，如上面的45和38。桨直径和桨螺距越大，桨能提供的拉（推）力越大。

由于我们使用的是8520的空心杯电机，8520的电机可以适配65 mm、75 mm、76 mm的桨叶。那么哪种尺寸的桨叶与电机更加匹配呢？

2. 桨叶与电机的匹配

电机、螺旋桨与多旋翼整机的匹配是一个比较复杂的问题，螺旋桨越大，升力就越大，但对应需要更大的力量来驱动；螺旋桨转速越高，升力越大；电机的KV值越小，转矩就越大。综上所述，大螺旋桨需要用低KV值电机；小螺旋桨需要用高KV值电机（因为需要用转速来弥补升力不足）。如果高KV值带大桨，力量不够，那么就很困难，实际还是低速运转，电机和电调很容易烧掉；如果低KV值带小桨，完全没问题，但升力不够，可能造成无法起飞。可以从以下几个方面去选择。

（1）按照选择多旋翼布局→选择螺旋桨→选择电机→选择电调→选择电池的步骤进行配置。按照多旋翼无人机搭载的任务设备，预计飞行时间、总起飞质量并留出冗余量先估算出无人机所需的拉力，这个拉力可以用四旋翼来提供，也可以用六旋翼满足；每个旋翼轴的拉力和功率可以用大桨低速满足，也可以用小桨高速满足，但慢速的大桨效率高。优先选择X布局4旋翼形式，尽量采用最大尺寸的桨，如果结构不好布置再考虑6、8旋翼形式换中尺寸的桨；然后再分步选择电调和电池。

（2）大螺旋桨用低KV值电机，小桨用高KV值电机。如果高KV带大桨，扭矩不够，转不动或转不快，电机和电调很容易烧掉。如果低KV值带小桨，则只是转速低升力不够，无法离地。

（3）选择动力冗余配置。根据飞行器的全重和电机厂家配以各类螺旋桨的测试参数，选择挂载全套设备后依旧有50%或以上动力冗余的螺旋桨与电机配置。多旋翼螺旋桨的拉力除用于悬停外，还要用一部分动力来前进后退，左右平移。最关键的还有抗风，所以，建议保留一半的动力来做这些动作，而且可使电池电压降低后不至于升力不足而炸机。一般四个2212电机的最大拉力是3 300 g，整机质量不要超过最大拉力的2/3，也就是2 200 g。如果超过这个界限，电机就是高负荷运行，后果是效率变低，电机振动变大，同时可能会影响飞控。

动力冗余对于六旋翼、八旋翼飞行器来说，如果一轴出现问题，还能保留动力完成降落或返航。如果挂载设备后质量已经接近螺旋桨与电机配置的极限，一旦其中一轴出现问题，飞控会尝试其他几轴输出更大油门来稳定姿态，会直接让其他几轴的电机电调迅速达到保护临界，电调烧毁、电机过热，随时可能导致炸机。

（4）四旋翼建议的螺旋桨、电机搭配，见表8-2。

表 8-2　螺旋桨、电机搭配

电池 S 数	多旋翼总质量	电机型号	螺旋桨
3 S	1.8 kg 以下	2216KV800	APC1147
3 S	2 kg 以下	2810KV750	APC1238
3 S	2.5 kg 以下	2814KV700	APC1340
4 S	2.5 kg 以下	2814KV600	APC1340
		3110KV650	APC1238
		3508KV580/KV700	DJI1555/APC1540
		4108KV480/KV600	APC1447/APC1540
6 S	3 kg 以下	3508KV380	DJI1555
		4108KV380	DJI1555
		4010KV320	DJI1555
		4008KV400	APC1447

（5）四旋翼建议的螺旋桨、机架搭配，见表8-3。

表 8-3　螺旋桨、机架搭配

螺旋桨尺寸	机架尺寸	螺旋桨尺寸	机架尺寸
10 寸桨	轴距 450 mm 机架	16 寸桨	轴距 720 mm 机架
11 寸桨	轴距 500 mm 机架	17 寸桨	轴距 780 mm 机架
12 寸桨	轴距 550 mm 机架	18 寸桨	轴距 820 mm 机架
13 寸桨	轴距 600 mm 机架	19 寸桨	轴距 860 mm 机架
14 寸桨	轴距 650 mm 机架	20 寸桨	轴距 900 mm 机架
15 寸桨	轴距 680 mm 机架		

螺旋桨的拉力测试可以通过电机拉力测试台来进行测量。电机拉力测试台如图 8-4 所示。

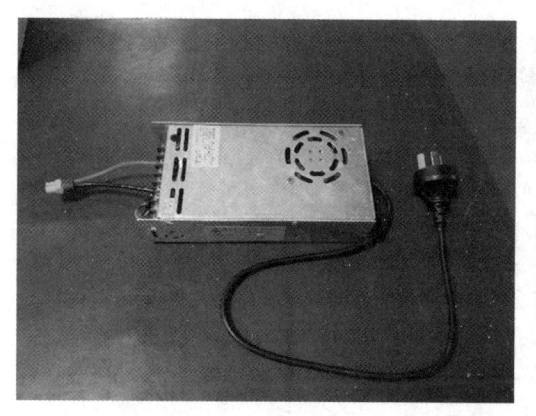

图 8-4 电机拉力测试台

电机拉力测试台是专门用来测试电机拉力的装备,上面有手动油门,也能生成自动油门,电机就是安装在其左上方的位置,安装完毕后即可进行拉力测试。其中,"M1"按键是用来控制自动油门,"T"按键是用来调零,为了减小误差,油门旋钮用来控制油门的大小,也就是手动油门。65 mm 与 75 mm 螺旋桨(图 8-5)的拉力测试数据见表 8-4。

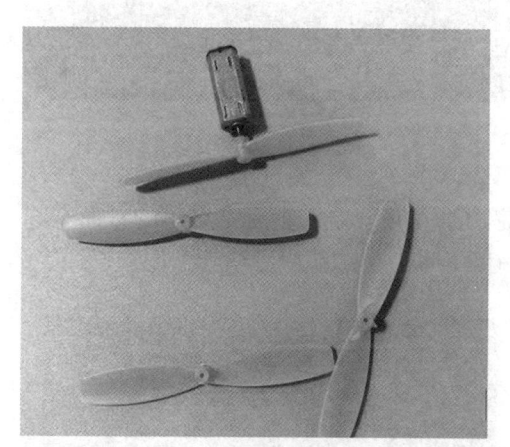

图 8-5 65 mm 与 75 mm 螺旋桨

表 8-4 螺旋桨拉力数据

65 mm 螺旋桨										
油门 /%	10	20	30	40	50	60	70	80	90	100
电压 /V	4.2	4.2	4.2	4.2	4.2	4.2	4.2	4.2	4.2	4.2
电流 /A	0.16	0.25	0.4	0.6	0.7	0.8	1	1.2	1.4	1.5
电功率 /W	0.672	1.05	1.68	2.52	2.94	3.36	4.2	5.04	5.88	6.3
拉力 /g	26	30	38	42	50	65	73	85	95	102

续表

75 mm 螺旋桨										
油门 /%	10	20	30	40	50	60	70	80	90	100
电压 /V	4.2	4.2	4.2	4.2	4.2	4.2	4.2	4.2	4.2	4.2
电流 /A	0.192	0.3	0.48	0.72	0.84	0.96	1.2	1.44	1.68	1.8
电功率 /W	0.806	1.26	2.016	3.024	3.528	4.032	5.04	6.048	7.056	7.56
拉力 /g	42	50	60	70	76	80	95	105	120	145

从表 8-4 的拉力测试数据可以看出，在 8520 电机上，75 mm 螺旋桨的拉力更大，效率更高，总体性能更优，在本项目中采用 75 mm 螺旋桨。学生也可以安装不同的螺旋桨进行测试，以实际飞行来测试螺旋桨与电机的匹配关系。

8.5　电池的选择

（1）本项目的电池由两块 3.8V460mA20C 电芯并联组成，电芯上有二维码的一面左侧为正极，两块电芯同向折叠，千万注意不要短路（图 8-6）。

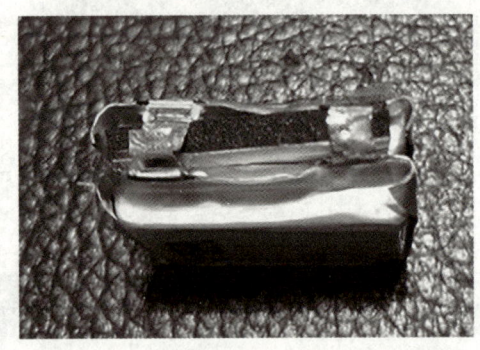

图 8-6　锂电池

（2）用 5 mm×15 mm 的一段双面胶，填塞在两块电芯中间的缝隙中，用以托起电芯的极耳。

（3）将两块电芯的极耳依次向内侧折叠，接触到中间缝隙处的双面胶上，然后用焊台将两片极耳焊接在一起。

（4）在极耳焊接的基础上，将 JST 母头焊接在电池上，注意不要将正、负极弄错。

(5）焊接好极耳和接头后，截取合适大小的 1 mm 单面胶，覆盖在电池上，包裹住电池正、负极焊点，避免在使用过程中出现正、负极短路的现象。

(6）截取合适长度的热缩管，利用热风枪包裹在电池上，完成电池的制作流程（图 8-7）。

图 8-7　组装好的锂电池

注意事项：
（1）电芯极耳是铝制的，注意不要多次弯曲，以免折断。
（2）电芯放电量大，在操作过程中注意不要短路，在焊接过程中也要注意焊锡丝不要短接正、负极，防止短路损坏电芯。

8.6　飞机的设置

（1）将飞控用 USB 连接线连接到计算机上，单击"连接"按钮将飞控与地面站连接。在地面站设置界面上，从左上角可以看到地面站版本型号、飞控固件版本和飞控型号，如图 8-8 所示。

（2）在设置页面上可以校准加速度计，当飞机重新刷写固件或更换零部件之后，需要重新校准加速度计，这样能够使飞控准确认识到飞机的水平面，以此来保证飞机的平稳飞行。如果未能正确地校准加速度计，则飞机在解锁后会向某一侧出现偏移。

（3）单击左侧"端口"标签页，进入端口设置界面。端口页面可以对飞控的接口进行设置，通过端口的正确设置可以实现飞控连接到计算机、安装接收机或添加 GPS 传感器等功能。注意：页面端口第一项 USB VCP 默认开启且不能修改，此端口为飞控连接计算机 USB 口的设置，若关闭此端口，则飞控将无法与计算机连接实现调参。

图 8-8　BF 地面站

从图 8-9 显示可知，除 USB VCP 端口外，飞控还额外提供了三个串口用以添加传感器。但是由于飞控设计优化问题，在飞控 pcb 板上，仅提供了 UART2 与 UART3 两个端口。在实训套件中仅需要占用一个接口用来安装 SUBS 接收机。一般建议将接收机安装在 UART2 接口上，在端口设置页面将 UART2 的串行数字接收机按钮点亮，然后单击"保存并重启"按钮保存设置，如图 8-9 所示。UART 端口还可以用于 GPS 和图传等传感器的安装，在本实训过程中没有用到。飞控引脚定义如图 8-10 所示，在焊接过程中需要注意不要接错引脚，以免损坏飞控。

图 8-9　地面站端口设置

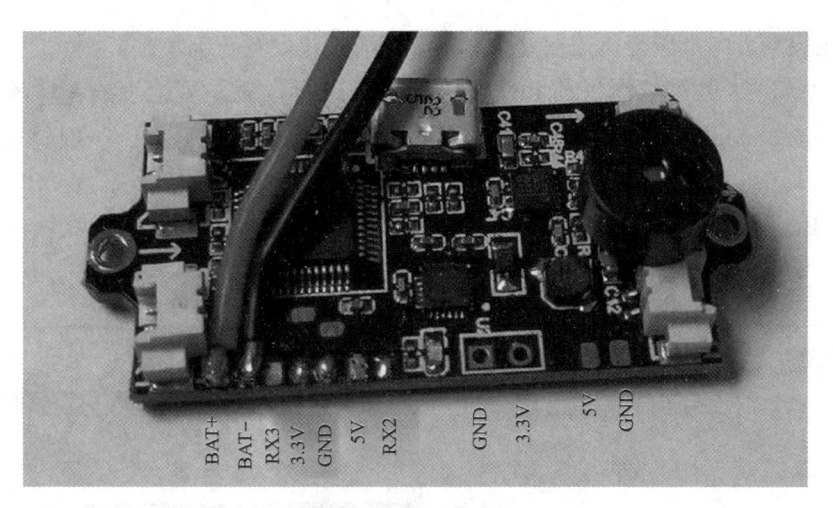

图 8-10　飞控接线图

（4）配置设置。单击左侧的"配置"标签，切换到飞控的配置设置界面。此设置界面设置参数较多，是飞控设置的重点所在。

在配置设置界面可以对飞机的混控类型进行设置，一般都选择"Quad X"布局，注意：在这种布局下电机的序号及旋转方向，飞控设置中必须要将电机序号与旋转方向调至与飞控显示一致，否则飞机无法正常起飞，如图 8-11 所示。

图 8-11　飞控机架设置

右侧的"电调/电机功能"设置，需要选取正确的"电调/电机协议"，本实训套件采用的电调协议为"BRUSHED"。其他参数可以保持默认值。如果解锁后电机转速过高，可以选择"MOTORSTOP"，解锁时不要转动电机，则解锁后电机不会旋转。

飞控和传感器方向设置：此设置主要用于对陀螺仪传感器进行设置，本实训中飞控的安装是用双面胶黏在机架底部的，因此，飞控是倒装的，所以需要在飞控和传感器方向进行适当设置，一般建议将"横滚度"设置为 180°，设置完成后单击"保存并重启"按钮保存设置。重启之后需要在设置页面进行加速度计校准，然后用手晃动飞控，地面站中飞机的晃动角度与方向都应与飞控相一致，则表明陀螺仪设置正确。

系统设置：这里对陀螺仪和 PID 的更新频率进行设置，理论上刷新频率越高则飞控相应越灵敏，但是考虑到本飞控主控芯片为 F3，运算速度有限，一般将陀螺仪更新频率设为 8 kHz，PID 循环更新频率设为 2 kHz，此参数设置依据是使 CPU 负载不超过 40%。CPU 负载数据在地面站下部的指示栏中。其他设置可以保持默认，如图 8-12 所示。

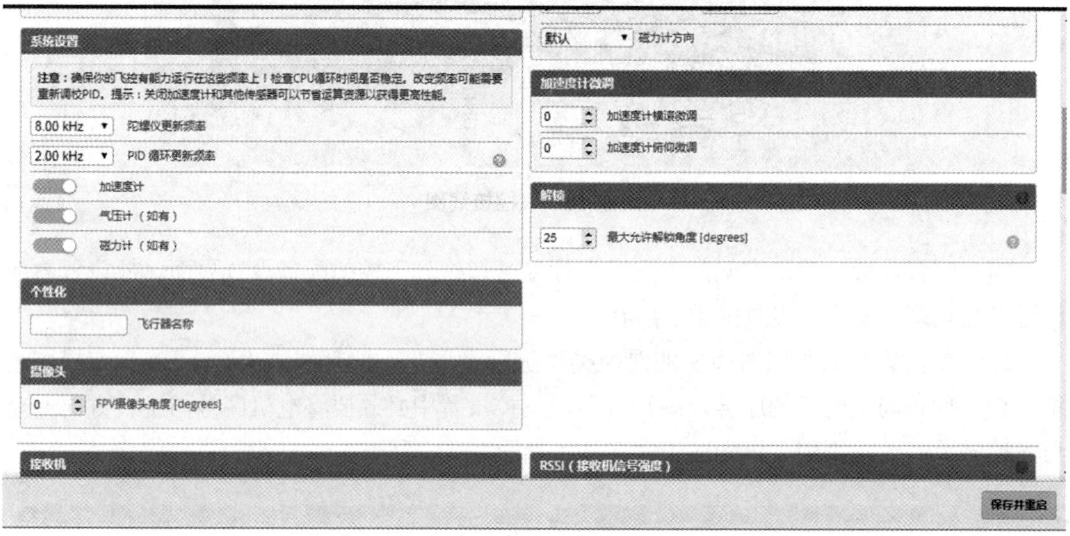

图 8-12　飞控的系统设置

接收机设置：可以对接收机的模式和协议进行设置，只有正确设置接收机模式和协议，才能使飞控正确接收到接收机的信号，完成飞机的操控。

本实训套件中采用的是福斯 SBUS 接收机，在设置中选择"串行数字接收机（SPEKSAT，SBUS，SUMD）"（图 8-13），在串行数字接收机协议中选择 SBUS 协议，完成接收机的设置，如图 8-14 所示。

学生也可以使用自己原有的接收机连接到飞控上，但是本飞控仅限使用 PPM 和 SBUS 及 IBUS 模式的接收机，不支持传统的 PWM 接收机。

配置页面的其他设置采用默认模式即可。

（5）动力 & 电池设置页面。此页面主要针对动力电池的最低、最高电压进行设置，由于本实训套件采用的是 1S 960mAh 电池，电池容量较小，在飞机飞行时的压降较大，建议将最低单芯电压和警告单芯电压设置为 2.5 V，如图 8-15 所示。避免飞控过早提出低压报警，影响飞行。

> **注意**　当电池电量不足时，飞机的操控反应会变慢，导致飞机操控性变差，飞机组装完成后，可以通过尾部 LED 灯的亮度来判断电池电量情况。如果出现飞机操控性变差的情况，应及时将飞机降落进行检查。

图 8-13 飞控接收机协议设置

图 8-14 飞控接收机设置

图 8-15 动力 & 电池设置

181

（6）接收机设置。接收机设置用于对接收机的相关参数进行设置，以及对接收机的通道进行校准。

1）左侧的进度条对应接收机的通道，在接收机对频后，拨动遥控器的相应通道，则进度条会做出相应变化。这里主要用于对通道顺序及通道的正反进行校准，如图8-16所示。

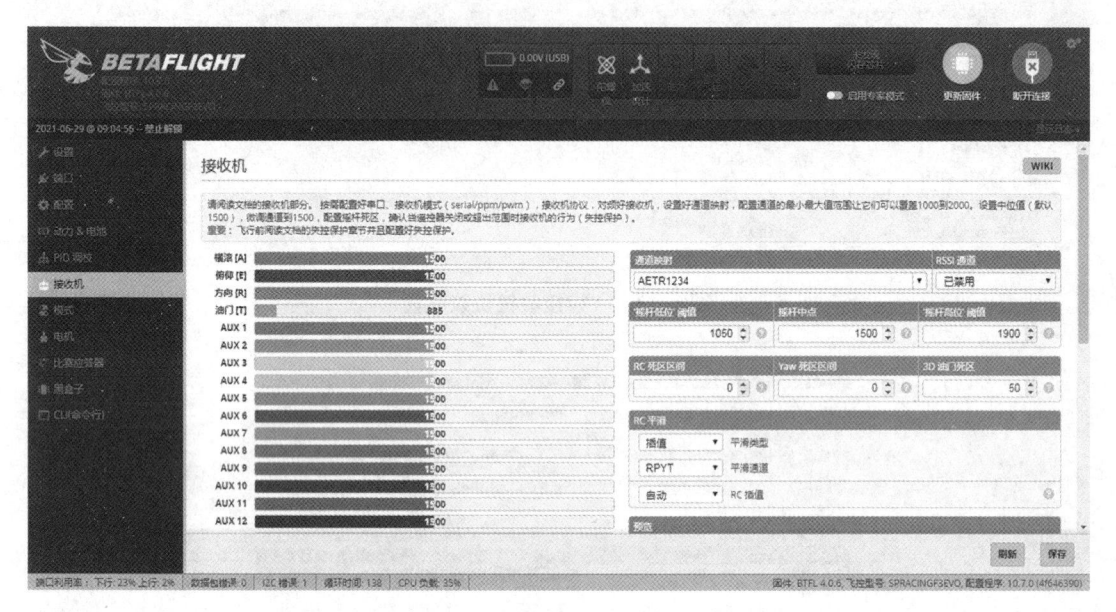

图8-16　接收机通道设置

2）右侧的通道映射"AETR1234"表示1234通道分别对应俯仰、滚转、油门、航向，这是典型的"美国手"的操纵模式，如果需要修改其他操纵模式，可以在通道映射栏直接修改"AETR"的顺序，实现通道的调换，如图8-17所示。

3）其他参数可以采用默认值。

图8-17　通道映射设置

（7）飞行模式的设置。飞行模式的设置界面主要对飞机的解锁及飞行模式进行设置，一般利用遥控器上的一个二段开关来设置飞机的解锁，利用一个三段开关来调节飞机的飞行模式。学生首先需要在遥控器上将通道设置好，然后在地面站里将飞行模式与遥控器通道一一对应，如图8-18所示。

> 注意　一般建议学生使用ANGLE和HORIZON模式进行飞行，可以很好地实现入门，有一定飞行基础的学生可以尝试ACRO TRAINER模式，练习手动飞行技术。

（8）电机设置。电机设置界面主要针对电机的序号及旋转方向进行设置，在飞控设置基本完成后，可以进行电机设置，为接下来的飞行打下良好的基础。

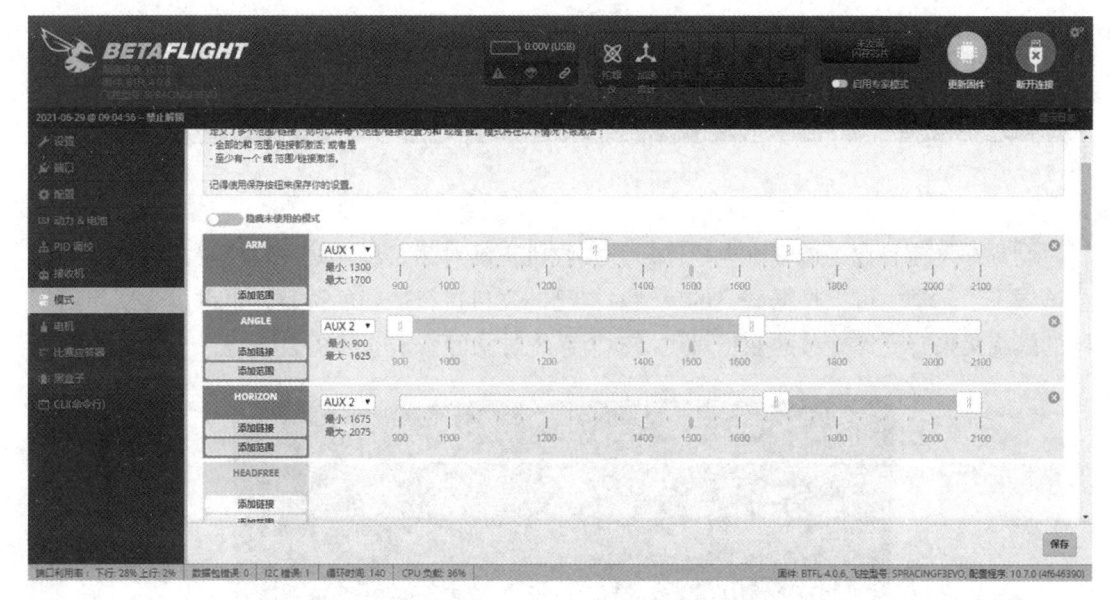

图 8-18　飞行模式设置

1）进行电机设置时需要连接电池，然后单击右下角的"我已了解风险"按钮，然后用鼠标单击和拉动下部的按钮，观察电机序号与左上角的电机序号和旋转方向是否一致，如果不一致，需要调整到一致才能够保证飞机的正常飞行，如图 8-19 所示。

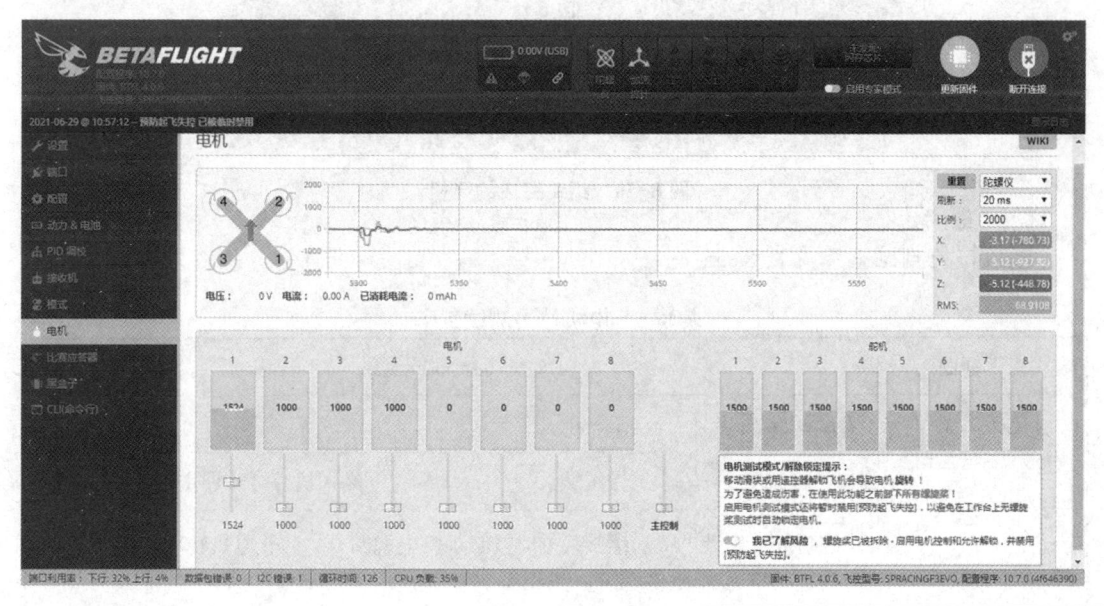

图 8-19　电机设置

2）将四个电机的按钮依次拉动，判断电机的序号与旋转方向，如果与飞控显示数据不一致，记录下来，在后面进行调整。

3）电机序号的调整见后面 CLI 相关内容。

比赛应答器与黑匣子设置在本项目中未涉及。

8.7 试飞

设置好飞控参数、调整好电机序号、接收机正确对频、设置好飞行模式之后，就可以尝试试飞了。学生可以根据试飞的反馈对自己的飞机进行适当的调整，也可以尝试使用不同的螺旋桨来感受螺旋桨的变化对飞机动力系统带来的影响（图 8-20）。

图 8-20　组装完成的飞机

电机拉力测试工卡见表 8-5。

表 8-5　电机拉力测试工卡

工卡标题	动力系统匹配测试			
电机机型	8520 电机	工种		AV
工时	3 h	工作区域		无人机综合实训室
注意事项	在拆卸或安装电机和螺旋桨的时候必须将电源断开，防止电机转动划伤人。 在进行拉力测试前需要进行调零，减少误差。 实验过程中不能靠得太近，保持安全距离，不能站在螺旋桨的两侧位置。 实验中需要把连接线放到安全区域，防止被螺旋桨刮到，并且实验过程中不能用手触摸连接线，防止产生误差			
编写 / 修订			批准	
日期			日期	

续表

名称	规格型号	单位	数量	工作者	检查者
电机	8520电机	个	4		
电池	1S，480mAh	个	2		
控制板	F3EVO	个	1		
螺旋桨	65、75 mm	个	4		
电机拉力测试台		台	1		
工作任务					
工作准备				工作者	检查者
（1）检查测量仪器的有效性，确保其在有效期内					
（2）准备好8520电机、电机拉力测试台、电源、电调、螺旋桨（65 mm、75 mm）					
（3）选择有效的技术资料					
（4）按照材料表检查材料的种类与数量是否齐全					
（5）检测材料的好坏，如坏掉需及时更换					
（6）看懂操作步骤，如有疑问及时请教指导教师					
工作步骤				工作者	检查者
（1）将电机拉力测试台、电调、电源固定在架子上，并且连接起来					
（2）将85250电机安装在拉力测试台上，拧紧					
（3）在2组不同尺寸的螺旋桨中选取一个螺旋桨装在电机上					
（4）接通电源，拉力调零，先用手动旋转油门测试看是否会烧坏电机					
（5）时间间隔设为2 s，按下"M1"键开始自动测试					
（6）测试完成后提取其中的数据进行分析					
（7）依次把2个螺旋桨都测试完成					
（8）提取所有的数据进行对比分析					
（9）实验结束后，断开电源，整理收拾各个设备					
结束工作				工作者	检查者
（1）清点工量具					
（2）清扫现场					

参 考 文 献

［1］闫晓军，黄大伟，王占学，等. 无人机动力［M］. 北京：科学出版社，2020.
［2］吕鸿雁，郝建平. 航空动力装置［M］. 北京：清华大学出版社，2017.
［3］符长青，符晓勤，马宇平. 旋翼飞行器动力装置［M］. 北京：清华大学出版社，2017.
［4］付尧明. 活塞发动机（ME-PA、PH）［M］. 2版. 北京：清华大学出版社，2016.
［5］魏思东. 航空动力装置［M］. 北京：航空工业出版社，2019.
［6］谢志明. 无人机电机与电调技术［M］. 西安：西北工业大学出版社，2020.
［7］谭建成，邵晓强. 永磁无刷直流电机技术［M］. 北京：机械工业出版社，2018.
［8］于坤林，唐毅. 无人机结构与系统［M］. 2版. 北京：西北工业大学出版社，2021.